ON THE ORIGIN of SUB SPECIES

亜種の起源

苦しみは波のように

理化学研究所・理学博士
桜田一洋

幻冬舎

亜種の起源

苦しみは波のように

はじめに

今、人の心は荒れ、自然は再生できないほど破壊されている。こんな世界をつくるために、人類はこれまで血と汗と涙を流してきたのだろうか？

自然科学はあらゆる問題を解決してくれる万能の神と信じられてきた。しかし、不老不死を実現することも、環境汚染によって絶滅した動物や植物を復活させることもできない。それどころか、新型コロナウイルス感染症（COVID－19）で亡くなった多くの命を救うこともできなかった。

現代文明の礎に、ダーウィンの進化論（ダーウィニズム）がある。ダーウィニズムは世界を切り分け、生命を機械の部品のようにみなす生命科学をつくり出した。しかしこの考えは、科学として万全ではない。

人間ひいては生物は機械のように設計されたものではなく、それぞれの環境のなかで個性を宿していく。生命の本質を理解して人間らしく生きるには、一人ひとりの人生を感じ（想い）、考え（思い）ていかなければならない。

効率や合理性を「考えること」は人工知能に置き換わり始めている。しかし、未来は生身の人間が「感じること」をとおして構築していかなければならない。人工知能に任せきりの世界に何が見えるだろう。これからの科学には「考えること」と「感じること」とを融合させる役割がある。

生存競争に有利な種が進化のなかで生き残ったのではない。多様な個性を持った亜種が互いに歩調をそろえて同期したり、ときにそれを解消したりすることで彩りに満ちた自然が創出されてきた。

感染症が終息した先に、人類の生き方はどのように変わるのだろうか？　どのように変わればいいのだろうか？　本書がそのことを考えるきっかけになれば本望である。

目次

第五章 人間の本質

終章 生命の軌跡 189

装幀　トサカデザイン（戸倉 巌、小酒保子）

第一章

ダーウィンへの挑戦状

二〇一二年の晩秋のことだ。車のラジオからその曲は流れてきた。緊張感のあるイントロが疾走をはじめ、静かな主旋律に乗ったボーカルと共鳴した。そこには七十年代のプログレッシブロックを彷彿（ほうふつ）させる歌詞が寄り添っていた。

SEKAI NO OWARIの「illusion」。この曲を作った深瀬慧（ふかせさとし）は、自分よりも若い世代にむけて論文のように歌詞を書いたと述べている。[*1]

　機械仕掛けの「僕らの真実」はいつか貴方の心を壊してしまうだろう
　僕たちが見ている世界は加工、調整、再現、処理された世界
　だから貴方が見ているその世界だけがすべてではないと

私たちは自然の本質という「見えないこと」を受け入れず、自分が「見たいもの」だけを求めて生きている。

人のあいだをさまよい、社会の気まぐれな動きに流され、そのなかで夢を見て恋をする。理想と現実の差に苦しみ、思いがけない発見と創造に歓びを覚える。そんな経験が、私たちの未来を豊かにする。

人生とは、効率や合理性を求めて人間や自然を操作する「競争」ではなく、自分に向かって

来る相手の心や自然の息吹を受け入れて自己を創出する『協創』である。

いつから、自然や生命に「機械」という枠組みを組み込むことが科学的な真理になったのだろうか？　それは百六十年前にチャールズ・ダーウィンが『種の起源』を発表してからだ。[*2] ダーウィンの説いた自然淘汰説は、その後メンデルの遺伝学と統合され現在の生命科学の礎となった。

完全性を競う市場競争も、強者が弱者を支配することも、戦争によって敵を排斥することもダーウィンの自然淘汰説は否定しない。「自然は生存競争の場であり、生命の進化とは、この競争に敗れて子孫を残せない生物や人間が排除されることだ」と彼の自然淘汰説は説いているからだ。彼の示した「弱肉強食」の進化論に従って生きていたら、私たちの心は壊れてしまう。

遺伝学はメカニズムによって生物の秩序を説明する。メカニズムとは、部品の組み合わせで機械が設計されているように、自然や生物を要素に分解し、要素間の因果関係を明らかにすれば、生命の本質は理解できると考えることだ。

医学は病原体の作用メカニズムを解明して、抗菌薬、抗ウイルス薬、ワクチンの開発を行い、病原体を制してきた。

しかし、新型コロナウイルス感染症（ＣＯＶＩＤ-19）の世界的な大流行に直面したとき、私たちは新しい薬やワクチンの開発に必要な時間とは比較にならない速さでウイルスが蔓延することを知った。人類ができることは、百年前のスペイン風邪のときと同じで、人と人との接触を断つことだけだ。それは、メカニズムに依存した自然科学の敗北を意味している。

最初の生命が誕生してから四十億年という長い年月が経った。生物はこの長い歴史のなかで出会った生きづらさを自己組織化という自然を貫く力をとおして克服してきた。

生物は、機械のように在る（Being）のではなく内部から湧き上がる力を使って成る（Becoming）のだ。

機械になった私たち

部族化する社会と「絶望死」

日本の二〇一九年度の幸福度ランキングはOECD加盟三十六か国中三十二位、世界全体では百五十六か国中五十八位で、二〇一二年から毎年順位を下げている。*3

生きづらさや社会への不満の拡大は日本だけの問題ではない。米国では薬物やアルコールの過剰な摂取、アルコール中毒、自殺による死亡者が白人の若者を中心に増加している。アン・ケースとアンガス・ディートンはこのような死因を「絶望死」と名付けた。[*4]

絶望を抱えた人々に向けて社会のあらゆる権威を否定するメッセージを拡散するポピュリズム活動が拡大している。この活動は同じ不満を持つ人に対して、自分の考えだけが正しいと信じさせることで人々を部族化させ、社会の対立を深めている。[*5] ポピュリストは対立を煽ることで権力を得ようとしている。

部族が自己実現のために暴力を用いても構わないと考えるようになるとテロリズムや戦争が生まれる。争いによってこれまで多くの悲劇が生み出されたが、そのことで争いが解決したことはない。争いは争いを生み、憎しみは憎しみを生む。

多様な価値を認め、互いに助け合い、信頼を生み出す社会を目指してきたはずなのに、人間は人間を道具のように利用する社会をつくり出し、人々から幸福を奪っている。

欲望が招く大量絶滅

井上陽水が一九七二年に発表したファーストアルバムに、「限りない欲望」という楽曲が収められている。

子供の時欲しかった白い靴
母にねだり手に入れた白い靴
いつでもそれを　どこでもそれをはいていた
ある日僕はおつかいに町へ出て
靴屋さんの前を見て立ち止った
すてきな靴が飾ってあった　青い靴

ここに描かれている情景は人間の性（さが）を如実に物語っている。何かが満たされると、次の何かが欲しくなる。

私たちの日常生活や産業を支えている石油、石炭、天然ガスなどの枯渇性の高い資源は使い続ければいずれ失われる。

大量のゴミは行き場を失い、海洋ゴミとなって日本の海岸にも大量に漂着している。プラスチックゴミの影響は深刻で、多数の海洋生物が傷つけられ死んでいる。*6

地球はこれまで五度の大量絶滅を経験し、六千五百万年前の第五回大量絶滅では恐竜が消失した。大量絶滅は、四十億年の生命の歴史からすると短い二百万年という期間で七五％以上の種が消失することを言う。

一万五千年前ごろから地球は第六回の大量絶滅に突入している。[*7]

数百万年もの間、繁栄していたマンモスなどの大型哺乳類は人間による乱獲によって約一万年前までに消滅した。

自然環境の激変から現在絶滅が最も進行しているのがカエル、サンショウウオ、イモリなどの両生類である。今回の大量絶滅は人類が原因で引き起こされた点で過去の大量絶滅とは大きく異なる。

人類の限りない欲望が、自然を道具のように利用し、資源の枯渇、ゴミ問題、生物の大量絶滅を生み出してきている。

死の不安はどこから来るのか？

十代の頃に対峙（たいじ）しなければならなかったのは「立身出世主義」という生き方だった。高い地位に就き、世に認められることが人生の目標であり、この目標には「勤勉に努力したら誰でも手に入れられるものだ」という努力主義・自己責任論が寄り添っていた。

立身出世主義が目指す人生の成功は、人を操作し支配するための権力を得ることだ。それゆえ、この競争からは敗者が生まれる。立身出世主義は、敗北者になってはいけないという強迫観念を私に植え付けようとしているようであった。

私が二十代であった一九八〇年代、立身出世主義は高価なブランド品を身に着け、高いステイタスのイベントに参加することと結び付いていた。自己の幸せが心ではなく地位やお金によって実現できると考える人が増えていた。

しかし、立身出世主義の仮面をかぶって生きていくことには強い抵抗があった。生を愛し、「自分のなかから湧き出る自発性」をとおして未来を発見したいという強い想いがあったからだ。

成功者が消費生活のなかで浮遊感を味わうのは心地のよいことかもしれない。しかし一歩下がって自分の死ぬ姿を想像したとき、不安が押し寄せてくる。

死の恐怖から医師や看護師を困らせたり、暴言を吐いたりするトラブルを起こす高齢者が増えている。[*8]

宮型の霊柩車を最近街で見かけることはなくなった。近隣住民への配慮から火葬場への出入りを自治体が禁止したからだ。欲望の追求が拡大するのと比例するように、死から目を背けるという姿勢が社会全体に広がっている。

財産、地位、名声のような成功の証を幸福だと考え追求するから、死が受け入れられなくなる。確実なことは、すべての人が死とともに成功の証を失うということだ。幸福を目指して生きたのなら、死は敗北となってしまう。

自分が死んだ後も、日常生活の風景と共に自分のことを想い出してくれるだろう。そんな、近しい相手への信頼の気持ちによって、死は受け入れられる。

お金とウイルス

日本の人口は二〇〇八年前後の一億二千八百万人台をピークに減少に転じ、二〇四八年には一億人を割ると推定されている。[*9] 国内の少子化に伴う人口減少の流れは止まりそうにない。仮に出生率が一・三で持続するとしたら、日本の人口は二三〇〇年には九百万人になる[*10]（図1A）。

この傾向は日本だけに留まらない。世界の出生率は一九六〇年の五・〇から二〇一四年には二・五に減少した。出生率が二・一を下回ると人口の現状維持ができなくなる。すでに世界の半分以上の国が、人口の維持を下回るレベルでしか子供を残していない。[*11]

出生率が下がっても直ちに世界の人口が減少するわけではないが、仮に世界の出生率が一・五で持続するとしたら、世界の人口は二十一世紀の半ばにいったん九十億人近くにふくれあがった後に減少に転じ、二二〇〇年に現在の半分、二三〇〇年には十億人程度になる[*12]（図１Ｂ）。

日本の五十歳時未婚率は、過去五十年大幅に増加した[*13]。その原因は、就業人口の一五％を占める非正規雇用者の年収が著しく低いために、結婚することも子供を産んで育てることもできないからだと説明されている。実際、男性の非正規雇用者の未婚率は正規雇用者よりも著しく高い[*14]。

イギリスの経済学者ジョン・ケインズは経済発展によって国民全体の生活が豊かになれば、富の独占は消失すると考えた。「豊かな社会で貨幣愛を続けることは犯罪だ」という厳しい言葉で貨幣への依存を批判した[*15]。しかし富の独占は止まりそうにない。お金への執着は、モノへの執着よりもたちが悪い。お金は人をも支配するからだ。

フランスの経済学者トマ・ピケティは『21世紀の資本』で様々な国で経済的な格差が拡大していることを示した[*16]。しかし、格差を解消するための有効な対策が各国で打たれているとは言えない。

国際協力団体のオックスファムは二〇二〇年一月に世界の富豪二千百五十三人の資産が最貧

図1　日本と世界の人口推移

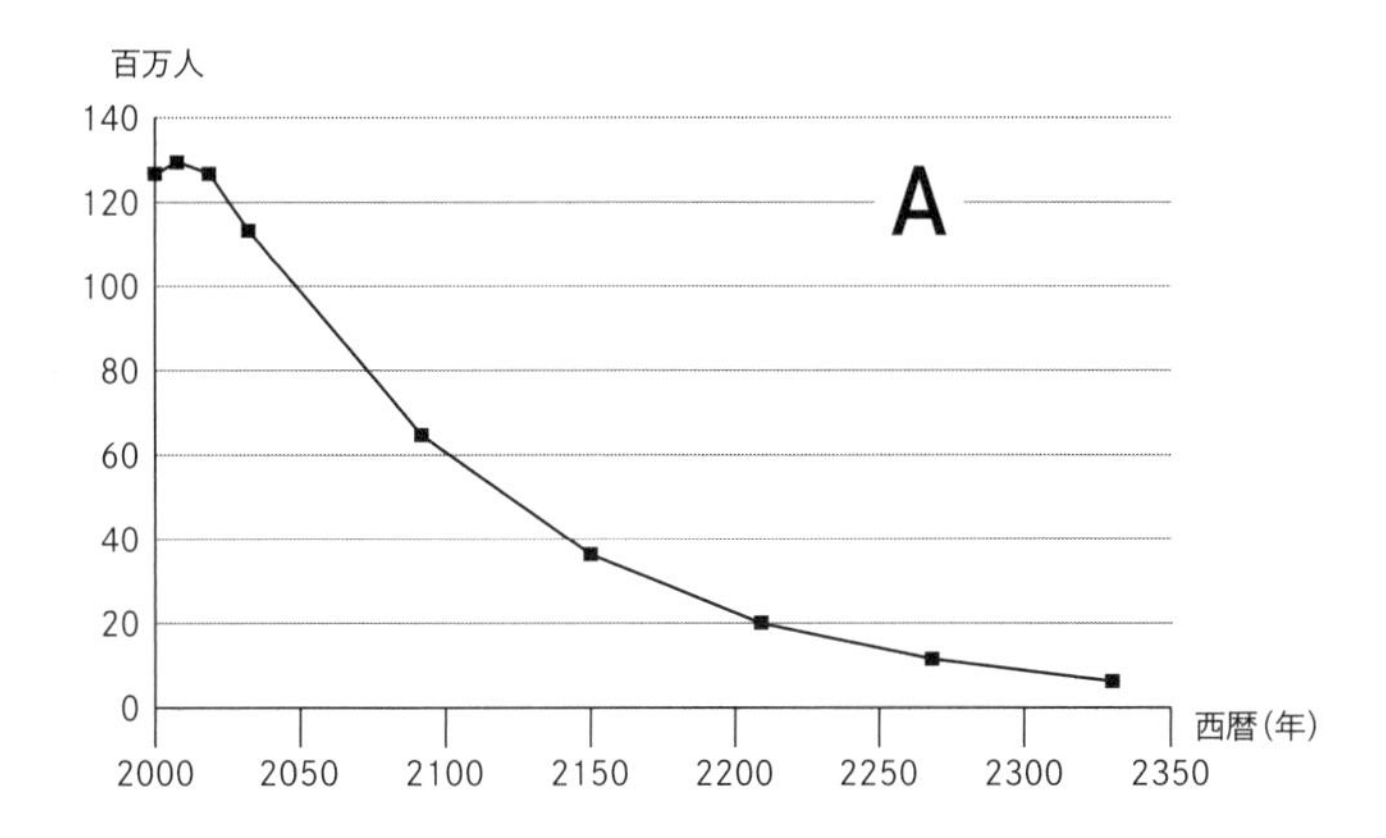

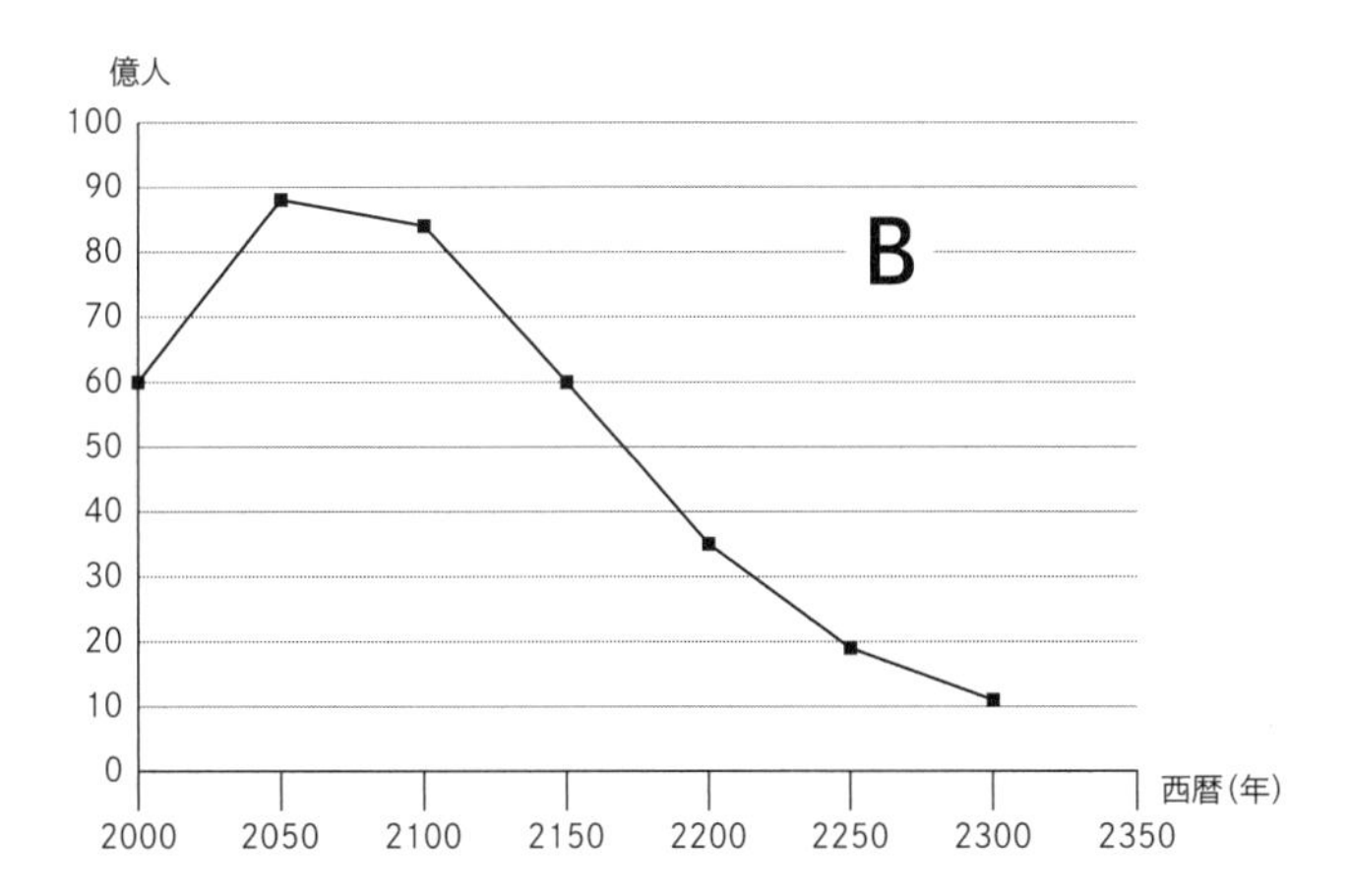

(A)日本の出生率が1.3で推移すると仮定した場合の人口変化に関する予測。
(B)世界の出生率が1.5で推移すると仮定した場合の人口変化に関する予測。

層四十六億人の資産を上回ったと報告した。[*17]

日本で格差の拡大が始まったのは一九八〇年頃からだ。それ以来ずっと貧困率は上昇し続け、経済的に恵まれていない人の数は現在二千万人と試算されている。[*18] 貧困は親から子へ、子から孫へと継承される。このまま格差が解消されないと経済的な階級社会が形成されてしまう。

経済学者の鬼頭宏は文明の持続が経済的に限界に達したときに、人口増加の停滞や人口減少が生じるという重要な仮説を提示した。[*19] 著しい格差がモノにあふれた現代社会の持続を経済的に阻むという矛盾を生み出している。新型コロナウイルス感染症に端を発する不況によって、さらに格差が広がるだろう。

お金はウイルスに似ている。**ウイルスは細胞の助けを借りて増殖する。お金も、商品やサービスの販売利益、金利、株の運用で増える。**

細胞はウイルスとは異なり自身で増殖を調整する。同じように商品やサービスの使用も自己調整される。家を何軒も持っていても利用できないし、一日に十回も食事はできない。しかし、貯金や株の運用に際限はない。大きな資金が貯まれば、生産施設を拡大し、新商品やサービスを開発できる。それが、さらにお金を生み出す。市場経済は生物の営みというよりは、ウイルスの感染に似ている。

人々が自由に競争して経済活動を行えば国も人も豊かになると考える**市場経済になぞらえてダーウィンの進化論では、生物や自然の姿が描かれた。**現在では、権威を得た進化論によって、逆に市場経済が正当化されるようになった。

比喩は未知な対象に対して仮の説明を行うときには便利な方法だが、本質ではなく比喩に依存すると思い違いをしてしまう。

ダーウィン進化論の綻び

「我欲」に支配された自分

嘘は他者への思いやりのなかで使われたとき存在の意義を持つ。芥川龍之介は「侏儒の言葉」のなかで「あらゆる社交はおのずから虚偽を必要とするものである。もし寸毫の虚偽をも加えず、我我の友人知己に対する我我の本心を吐露するとすれば、古えの管鮑の交わりと雖も破綻を生ぜずにはいられなかったであろう。」と説いた。[20]

相手の気持ちを考えたら、家族や友人、同僚の欠点をずけずけ言うことはできない。心で心を想うなら、あえて見て見ぬふりをすることができるはずだ。

嘘は自己愛のために使われると、悪に染まる。自己愛という心はフロイトによって発見され、エーリッヒ・フロムによって深められた。[*21] フロムは嘘を生む自己愛を「悪性の自己愛（ナルシシズム）」と呼んだ。悪性の自己愛とは、己を完全無欠なものと捉える特徴がある。ナルシシズムに染まると自分の失敗を認めたり、他人からの正当な批判を受け入れたりすることができない。自分のつくり上げた完全な自己像に合うように、現実の世界を説明するときに嘘が生まれる。この嘘は邪悪である。

悪性の自己愛つまり我欲は、自分の完全性を否定する人間を非難し、排斥することで自己を正当化しようとする。例えば、公の場では「他者への思いやりが重要である」というような発言を行い、あたかも道徳心があるかのように装うため、嘘をつかれ実害を被る一部の人以外からは、いい人として高い評価を受けることになる。

スコット・ペックは『平気でうそをつく人たち』という著書のなかで、邪悪な人間とは、自分には欠点がないと信じているために自分自身を見つめ直すことができず、他人に責任を転嫁し、一方で他人にいい人と思われたいと強く思うために、体面を維持するために大きな努力をするごく普通の人であると論じている。[*22]

自己を愛することは、相手との信頼関係を生み出すのになくてはならないものだ。しかし、**悪性の自己愛は、自分の幸せのために相手を手段として利用してしまう。**

ダーウィンに消された二人

ダーウィンの生誕二百周年と『種の起源』出版百五十周年を祝う特集が、二〇〇九年にネイチャー誌をはじめ様々な科学雑誌などで大々的に行われた。しかしその前年に自然淘汰説の発表百五十周年が大きく特集されることはなかった。自然淘汰説は『種の起源』が出版される前の年にあたる一八五八年七月一日にアルフレッド・ウォレスとチャールズ・ダーウィンの二人の業績としてリンネ学会で同時に発表された。しかしこの事実はダーウィンの圧倒的な名声のなかで消失してしまった。

ダーウィンの『種の起源』が発表されたのは一八五九年十一月のことだ。[*2] ダーウィンは一八三一年に世界航海に出発し、ガラパゴス諸島で多種多様な固有の生物に出会ったことで種の不変性に疑問を持ち、一八三六年に帰国してから二十年近く、種の多様性がなぜ生じるのかを明らかにしようと格闘した。

ウォレスは在野の博物学者で一八四〇年代からアマゾンやマレー諸島で採取の仕事の傍ら調査と研究を行った。ウォレスの進化論に関する最初の論文は、一八五五年二月にボルネオ島北西部のサラワクから、ロンドンの権威ある科学雑誌社に投稿され、同年の九月に掲載された。[*23]

サラワク論文では、元の種から新しい種が分岐するという、進化論の前提条件となる法則が論じられた。種の分岐とは共通の祖先から例えばヒトとチンパンジーという異なる種が分かれることを言う。

ウォレスはインドネシアで研究を続け、自然淘汰によって種の分岐を説明するのに成功し、自身の進化論を完成させた。

この進化の概念を当時の学界の重鎮であるチャールズ・ライエルに見てもらうために、ウォレスは一八五八年二月にテルナテ島から論文の原稿をダーウィンのもとへと送った。[*23]

ダーウィンは『種の起源』の出版までは、進化論に関する論文や書籍は発表していない。しかし一八五八年七月一日に開催されたリンネ学会で、ダーウィンとウォレスの二人の自然淘汰説が同時に発表された。このときにダーウィン側からは、一八五七年九月にエイサ・グレイに送った手紙と、一八四四年のノートに記載されていた自然淘汰の概要が報告され、ダーウィンの先取権が確保された。

リンネ学会での同時発表という調整はウォレスに知らされることなく、ライエル、植物学者のジョセフ・フッカー、ダーウィンの三人によってなされた。

ここで発表されたダーウィンの手紙とノートには、どのようにして自然淘汰が種の分岐を推進させるのかは記載されていない。したがってリンネ学会で報告されたダーウィンの資料では、進化の自然淘汰説を発見したということはできない。

アーノルド・C・ブラックマンという米国のジャーナリストは『ダーウィンに消された男』という著書のなかで、「ダーウィンは、ウォレスから送られた論文を見て自分の進化論を完成させた」という、厳しい推察を行っている。[*24]

ダーウィンにはもう一つの疑惑が報告されている。それを告発したのはローレン・アイズリーである。[*25] その著書、『ダーウィンと謎のX氏――第三の博物学者の消息』のなかでアイズリーは、ダーウィンがリンネ学会で自分の独自の理論として報告した自然淘汰の概念が、博物学者エドワード・ブライスによって一八三五年から三七年に発表された三つの論文で先に論じられていることを示した。

この論文を見た証拠として、ダーウィンの一八四四年の試論「エッセイ」のなかに、ブライスの論文が丸写しされている部分があることをあげた。

ブライスの論文のなかには、生存競争、変異、自然淘汰などの概念が提示されているが、これらの概念は有害な変異を取り除く恒常性の役割と見なされていて、ウォレスやダーウィンが考えたような種の分岐や進化とは結び付けられてはいない。

進化論はダーウィン一人の研究によって発見されたのではなく、この時代が生み出したものだと言うべきなのかもしれない。歴史をひもとけば、「進化論はラマルク」「自然淘汰の概念はブライス」「自然淘汰による種の分岐はウォレス」が最初の提唱者であることを示している。しかし、先取権だけでは見逃してしまう独自性がダーウィンの進化論にはある。

キリンの首は語る

ウォレスのテルナテ論文では、キリンが長い首を獲得したのは、ラマルクが論じたように高い木にある葉を食べたいと熱望したからではなく、低い場所にある草の欠乏という環境変化が起こったときに、たまたま生じた普通よりも首が長い変種が、他の首の短い仲間より生き延びやすかったからだと説明した。

ウォレスは環境が変化しない条件下では個体の多様性と自然の間には均衡が維持されるが、種がそのままでは持続できない厳しい条件が生じると、種の分化と自然淘汰が生じると考えた。

これに対して、ダーウィンは『自然淘汰すなわち生存闘争における有利な種の継承による種の起源』という本のタイトルに明示されているように、環境変化が起こっていない条件でも、同種の生物個体が生存競争するので種の分化が生じると論じた。[2] 首の長いキリンは日常的な生存競争のなかで選択されたことになる。

ダーウィンがなぜ、環境変化よりも自己拡大の生存競争という前提で進化を考えることを重要だと考えたのだろうか？

ダーウィンの進化論は、ジョン・ロック、ジェイムズ・ミル、トマス・ホッブスに代表される英国の哲学の影響を強く受けて誕生した。歴史学者のシルヴァン・シュウエーバーや発生生物学者のスコット・F・ギルバートは、大陸ヨーロッパでは、カントやゲーテが個人の相互依存や統合という形で社会の秩序を考えたのに対して、英国の哲学には、秩序の単位が一人ひとりの個人であると捉える特徴がある。ホッブスの「万人の万人に対する闘争」や、トマス・マルサスが『人口論』で語った「人は限られた資源を奪い合う」という考え方が自然淘汰説の起源であることを指摘している。[26]

実際、ダーウィンは自伝のなかで、一八三七年七月に進化に関する検討を開始し、一八三八年十月にマルサスの『人口論』を読んだことをきっかけに自然淘汰説をひらめいたと記している。[27]

アダム・スミスが一七七六年に出版した『国富論』で示した「見えざる手」とは、利己心に基づいた利益追求の競争によって、社会の秩序と豊かさが実現できると考えることだ。[*28] これに着想を得てダーウィンは生存競争が、自然に秩序と進化を生み出すと考えたのではないだろうか？

ダーウィンは他の生物との競争を、ウォレスは自然との共生を指標として進化を考えた。ウォレスとダーウィンの自然淘汰説は異なっている。

芥川も首をかしげたダーウィン

ダーウィンの提唱した「闘争の進化論」は、様々な分野の知識人によって批判されてきた。[*29] その最初の挑戦者はダーウィンと同時代の作家サミュエル・バトラーである。

彼はイギリス国教会の牧師になるためオックスフォード大学を卒業したが、イギリス国教会の権威主義をきらって牧師になることを拒否した。ダーウィンの『種の起源』をとおして彼はキリスト教の権威主義を克服した。しかし、バトラーはキリスト教の意味がそれで消失したとは考えなかった。

私はカトリックの学校で中学と高校時代を過ごした。キリスト教の中核を成すのはアガペーという、神の人間に対する愛である。神は何かの対価のために人間を愛するのではない。『ルカによる福音書』のなかに、「敵を愛し、憎む者に親切にせよ。のろう者を祝福し、はずかしめる者のために祈れ」からはじまる有名な説教がある。

ダーウィンは一八七一年に出版した『人間の由来』のなかで、道徳は部族を保存するための手段として進化してきたと論じた。[*30] ダーウィンの「弱肉強食」の進化論によって説明される道徳とは、人間の道具的な手段であり、勝ち残るための戦略にすぎない。これは人間が自己正当化のために道徳的という見せかけを装うことであり、我欲そのものである。

ダーウィンはそのことを問題とは考えなかったのだろうか。ダーウィンは自伝のなかで自分の心が変化し、音楽や絵画にも興味が持てず、シェークスピアを読むと退屈で吐き気がするようになったと書いている。[*27]

『人間の由来』が出版された後から、バトラーはダーウィンへの批判を展開するようになった。一八七二年に出版した『エレホン』のなかで、彼は不幸や不運が罪であるような逆転した社会を描いた。[*31] 病気の宿命を両親から継承し、重い病を患った人は、犯罪よりも罪になり罰せられる社会だ。この社会はダーウィンが描く世界そのものである。不幸で不運な者は淘汰され、幸せで幸運な者や、たとえ悪いことをしても競争に勝った者は生き残る。

バトラーの倫理観は芥川龍之介に強い影響を与えたことでも知られている。[32]

芥川は自己愛と倫理観の葛藤を作品にした。一九二五年に出版された『現代英文学』の序で、芥川は「バトラーを見れば、これはダーウィンの進化論を駁するにネオ・ラマルキズムの進化論を以ってした、戛戛たる独造底の思想家である。」と記している。

芥川は進化論のなかにある我欲を見抜き、「侏儒の言葉」で次のように語っている。[20]

「遺伝、境遇、偶然——私たちの運命を司るものは畢竟この三者である。自ら喜ぶものは喜んでも善い。しかし他を云々するのは僭越である。（運命）」

競争に勝った人間が自己を正当化するのに進化論を使うのは勝手だ。しかし他人や社会にそれを押し付けないでくれ。芥川はそのように言いたかったのだろう。

バトラーは一八七九年に出版した『新旧の進化論』のなかでフランスのビュフォンやラマルク、さらには、チャールズ・ダーウィンの祖父エラズマス・ダーウィンによって論じられた進化に関する議論が、ダーウィンの『種の起源』の初版のなかで十分に引用されていないと、強く批判した。[33]

この批判は一八八七年に出版した『幸運かカンニングか』という著書のなかで、さらに強くなった。[34]

私はダーウィンがどのようにして最も幸運な適者の生存を、エラズマス・ダーウィンやラマルクの持っていたものを盗用する最も狡猾な適者の生存に置き換えたのか、あるいは置き換えようとしたのか。手短に言えば、幸運をカンニングに置き換えたのかを問いたいと思う。

バトラーがダーウィンの人格にまで辛辣な批判を加えたのは、『人間の由来』が描く我欲としての道徳が許せなかったからだ。

しかし、バトラーはダーウィンの人格を批判しただけではない。『新旧の進化論』のなかで、「ダーウィンは進化のなかで適者生存という最も簡単な部分だけを説明し、どのようにして多様な生物が出現するのかという進化の本質については偶然という説明でお茶を濁している」と、ダーウィンの進化論の根本的な問題を指摘した。[33] バトラーの投げかけたこの問いに、メカニズムの生命科学は今も明確な答えを出していない。

生物で世代を超えて継承されるのは、物質ではなくパターンであるとバトラーは考えた。この考えは弟子のウィリアム・ベイトソンに継承された。ベイトソンはメンデルの著書の英訳を行うなど遺伝学の発展に大きく寄与した生物学者で、遺伝子の変異を研究し生物の形がどのように生じるのかを明らかにしようとした。

ウィリアム・ベイトソンの挑戦は息子のグレゴリー・ベイトソンに継承され、ダーウィンの「進化論」の問題点が論じられた。[*35]

弱肉強食の進化論から生まれた優生思想

ダーウィンの進化論が自然科学の権威から大きな支持を受けたのは、「生命現象は非生物にはない特別な力によって説明しなければならない」という生気論の考えを退け、機械的に進化を説明したからだ。
ダーウィンの死後、アウグスト・ヴァイスマンは「生物が環境と適応していることについての考え得る唯一の説明が自然淘汰説である」と主張し、「生物の特徴が遺伝によって事前に決められ、それが親から子に継承される」という遺伝子決定論の考えを一八八三年に提案した。[*36]
この考え方は、現在の生命科学の礎となった。

同じ年、ダーウィンのいとこフランシス・ゴルトンは、ダーウィンの自然淘汰説を人間社会に適用する「優生学」という考え方を提唱した。[*37] **生物の進化や遺伝に関する自然科学が誕生したことで、人間の振る舞いや社会の在り方を自然科学の作法で、機械になぞらえて説明する自然科学主義が勃興した。**

十九世紀のロンドンには極貧の暮らしをしている人が多数いた。十九世紀後半に初等教育の義務化がはじまると、極貧層の子供の多くが肉体的、精神的な障害を抱えていることが明らかになり、障害者の人口が増加傾向にあるという調査結果も報告された。このような社会の状況とダーウィンの自然淘汰説が照らし合わされ、「人間社会が弱者を守ってきたことで、本来排除されるはずの弱者が増加した」という社会ダーウィニズムの概念が誕生した。[*37]

遺伝子決定論に基づけば、肉体的、精神的障害は親から受け継いだものとなり、障害は子から孫に継承されることになる。人間のすべての性質が遺伝子だけで決定されているという考え方から優生政策という悲劇が生まれた。優生政策とは社会の混乱を是正するために、人工的に自然淘汰を行うことである。その方法として障害者の産児制限、人種改良などが考案された。

ウィルヘルム・ヨハンセンは一九〇九年に遺伝だけではなく、環境からのシグナルによっても生物の特徴は変化することを報告し、アウグスト・ヴァイスマンの遺伝子決定論を否定した。[*38]

その後の疫学研究から、妊娠から子供が二歳の誕生日を迎えるまでの間に、栄養不足や強いストレスを受けると遺伝的な問題がなくても子供に深刻な肉体的・精神的な障害が誘導され、学業や仕事をはじめ生涯にわたる健康に負の影響を及ぼすことが示された。[*26] つまり極貧層の子供に現れた障害は遺伝によって決まっていたのではなく、極貧という困窮に追い込まれたことが原因で生じた可能性があるのだ。

しかし優生政策は二十世紀はじめからアメリカ、イギリスなど多数の国で実施された。[*37] 日本では第二次世界大戦後、優生保護法が施行され一九九六年に改正されるまで、遺伝性疾患、精神障害、知的障害を対象に断種が行われた。[*39]

ナチスドイツによるユダヤ人虐殺は、優生学と人種主義とが結び付き生まれた。人種主義とはアルフレート・プレッツの人種衛生学に起源を持つ。[*37] 彼は社会を改革するには人間の質を生物学的に改善する必要があると考えた。

すぐれたアーリア人を持続させるために、ユダヤ人とドイツ人の婚姻を禁止し、さらにユダヤ人を断種するホロコーストが行われた。

各国で実施された優生政策とホロコーストは同じではないが、そこには共通して「生きるということが戦いであり、戦いに勝ったものが未来を拓く」というダーウィンの考えがある。

ダーウィンの進化論とヴァイスマンの遺伝子決定論を科学的な真理だと信じている限り、心のなかにある差別意識や障害者の人権を蹂躙（じゅうりん）する考えは消えない。

ダーウィニズムへの反論

ダーウィンの死後、息子のフランシス・ダーウィンは『チャールズ・ダーウィンの生涯と書簡』を出版した。[*40] ウォレスはこの本をとおして、はじめてライエル、フッカー、ダーウィンによって微妙な調整が行われたことを知った。

しかし、ウォレスはダーウィンと自分の自然淘汰説が異なるものであり、自分の進化論ではなくダーウィンの進化論が世間から支持されていることをよく理解していたのだろう。彼はダーウィンを批判することはなかった。

ウォレスは進化論に関するはじめての著書を一八八九年に出版した。[*41] そのタイトルは『ダーウィニズム』である。この著書のなかで彼はダーウィンに敬意を表した上で、彼の進化論と対決した。

ウォレスは自然の本質は戦いではなく、相互扶助の舞台であると捉えた。病や老い、事故や捕食によって命を失うのは苦難である。しかし死を免れた生物はいない。死があることで、古い生物が新しい生物に置き換わり、進化が起こった。

自然を「幸福の大きな均衡が確保される体系」と捉えたとき、ウォレスは進化という秩序形成のプロセスには、機械になぞらえたのでは見失ってしまう「高度な働き」が必要だと考えた。

『ダーウィニズム』は次の言葉で結ばれている。

この仮説によってのみ、われわれは殉教者の貞節、慈善家の無私、愛国者の献身、芸術家の情熱、そして科学者の果敢で忍耐強い自然界の秘密の追求が理解できるのである。したがって、われわれは真実を愛する心、美に感じる歓び、正義を求める情熱、そして勇気ある自己犠牲を聞くときに覚える歓喜は、肉体的生存をめぐる闘争によって発達したのではなく、われわれのなかに存在するより高度な性質の機能であることを知る。

これはダーウィンの『人間の由来』に対する反論である。ウォレスは人間を進化させたのは戦いでも道徳的に装うのでもなく、内在性の高度な性質の機能によると考えたのだ。私はウォレスの想いに心を動かされ続けている。機械になぞらえるのとは異なる枠組みで進化を説明したいという私の気持ちは、ウォレスの言葉によって引き出されたものだ。

地球の誕生と生命の自己組織化

限られた資源で生き延びた生物たち

避暑で軽井沢を訪れたとき、家族で野鳥の森をハイキングした。濃い緑の森に、様々な昆虫や鳥が舞い、池にはオタマジャクシやカエルが泳いでいた。ムササビの巣、シカやイノシシが水を飲むために降りてくる獣道、クマが木に登ったあとなど、いたるところに動物の影が見えた。疲れて、しゃがみ込むと茂みの隙間に色鮮やかなキノコが顔をのぞかせていた。

生物の世界は細菌（バクテリア）、古細菌（アーキア）、真核生物の三つのグループに分けられる。野山で見かけた植物、動物、菌類（キノコ）はいずれも多細胞の真核生物である。

地球が誕生したのは四十六億年前だ。このとき生物は存在しなかった。地球誕生からしばらくの間は微惑星や隕石の衝突が頻発し、地球上には高温のマグマの海があった。地球が冷却して大気や海洋が生成した後もしばらくは隕石の衝突が繰り返されていた。[42] 現在の地球とは全く異なる環境のなかで最初の生命が誕生した。

最古の生命は四十二億八千万年から三十七億七千万年前に形成された鉱物の化石のなかに、肉眼では観察できない小型の細菌様の形態として発見された。[43] この祖先から現存するすべての生物が誕生したと考えられている。

最初の生命が誕生してから想像できないほど長い時間が経過した。このなかで生じた生物の変化は地質学をとおして研究されている。[44]

最初から地球に大量の酸素があったのではない。大気中に酸素が増えはじめたのは、二十七億年前に光を使って酸素を発生させることができる光合成細菌シアノバクテリアが誕生したからだ。光合成により光を有機物のエネルギーに転換することが可能となり、生物が地球上で繁殖し進化する原動力となった。生物は地球の環境を変える大きな力を獲得したのだ。

二十四億年前から二十二億年前にかけて全地球凍結が起こった。赤道まで地球は氷に覆われ、多くの生物は死に絶えたが、火山の火口周辺や、温泉が湧き出る場所では生物は生息することができた。この過酷な環境のなかで細胞内共生によって真核細胞が誕生した。

七億三千万年前から六億三千五百万年前の間に地球は再び全球凍結した。この厳しい環境を克服した生物から多細胞生物が誕生した。

限られた資源しかない狭い場所に生物が集まったとき、生物は細胞内共生や多細胞化という新たな生物を創出した。これは、**競争相手を排斥することで限られた資源を独占するというダーウィンが描いた進化の構図とは大きく異なる。**

見る生物が誕生したカンブリア紀

最初の多細胞生物はしっかりした骨格を持たなかったので、その面影は岩の上に模様として残されているだけだ。オーストラリアのエディアカラでは、クラゲ状の生物、パンケーキ状の生物などの化石が見つかっている。この時期に誕生した動物には現在の動物に見られる頭尾、背腹、左右という構造はなく、放射相称という形態的な特徴を有していた。放射相称とは中心軸に対して複数の対称面を持つ星形の形態である。

五億四千五百万年前から五億三千万年前の海のなかで、左右相称で頭尾と背腹が非対称な、現存するすべての動物の祖先が出現した。これをカンブリアの大爆発と呼ぶ。左右相称の動物は受精卵から同一のボディープランに基づいて形成される。カンブリアの大爆発は「突然変異」という偶然だけでは説明できない。

カンブリア紀の動物では眼の誕生という大きな変化があった。このときまで、地球の風景や生物を見る存在はいなかった。**見る生物が誕生したことによって、生物は相手の姿を受け入れて新たな生物を創出することが可能となった。**

新人と旧人の混血

七百万年前、アフリカに住んでいた類人猿から、まずゴリラの祖先が分岐し、その後チンパンジーの祖先とヒトの祖先が分岐した。ヒト族の最初の種であるホモ・ハビリスは約二百五十万年前にアウストラロピテクスから分岐した。ネアンデルタール人（旧人）と現生人類のホモ・サピエンス（新人）は二十五万年前に誕生した。

ホモ・サピエンスが約八万年前から六万年前にアフリカを出て全世界へと広がったとき、各地で暮らしていたネアンデルタール人やデニソワ人などの旧人との出会いがあった。これまで新人が旧人を滅ぼしたと考えられていたが、ネアンデルタール人の全ゲノム領域にわたる配列が二〇一〇年に決定され、現生人類のゲノムにネアンデルタール人やデニソワ人に由来するD

NAがあることが判明した。[*45] この解析結果は、現在の人類が旧人との混血であることを示している。

ジャレド・ダイアモンドは、約五万年前にヒトの咽頭が発話可能な構造に変化し、言語能力を獲得したことで、生物学的にも行動学的にも現代人と変わらぬヒトが誕生したと説いた。[*46] それはネアンデルタール人とホモ・サピエンスが混血した時期でもある。

私たちは生存競争に勝って生き残ったのではなく、新人と旧人との共生によって生まれてきたのだ。

感染社会と人類

「生存」と「適応」の違い

ダーウィンの提唱した「生存競争に勝った生物が生き残る」という進化論は、現在の生命科学では「環境に最もよく適応した生物が生き残る」という言葉に言い換えられている。[*47]

適応というのは便利な言葉だ。しかしよく考えると生き残るということは環境に適応することであり、どのように適応したのかということが示されない限り「適応」と「生存」は類語の反復となってしまう。

「生存」は客観的な事実であるが、「適応」は思弁である。生きるのが生存競争に勝つことだと考えるのと、自然と共生することだと捉えるのでは、適応の意味は全く異なったものになる。生きるということが自己拡大のための戦いであるとすれば、それはダーウィンの信念であって事実でも真理でもない。

メカニズム（機械論）の信奉者は、生命現象を説明するのに生物だけが持つ特別な力を仮定する生気論を嫌った。しかし、生物の本質からではなく、他の物事を借りて行われる説明からは深刻な勘違いが起こる。

ダーウィンの進化論、メカニズムの生命科学が問題なのは、私たちが自然のなかに入れた機械という枠組みだけから自然の姿を求めるからだ。

ニュートンは、「どうしてリンゴは木から下に落ちるのだろうか?」という素朴な疑問から万有引力という普遍的な法則を発見した。万有引力という宇宙を貫く普遍法則から太陽系という秩序を説明することは比喩ではない。自然科学には、普遍法則という本質から自然を説明するという面があるのだ。

生命科学者は、「どうして生物には自発的に秩序を生み出せるのか？」という疑問から進化を説明する必要がある。

水で濡れた手に液体せっけんを取り泡立て、手を合わせてからゆっくり離すと様々な大きさと強度を持ったシャボン玉ができる。脂質分子は水溶液中で集まって二分子膜からなる球を自発的に作る。

雪の結晶は六角形を基本に多様なパターンを形成する。これは水分子が自発的に集まりできたものだ。

このような現象を自己組織化という。**進化は自己組織化という自然を貫く普遍法則によって説明できるし、しなければならない。**

ウイルスと細胞の増殖

『種の起源』には次のような記載がある。[*2*48]

すべての生物は、指数関数的な増加率で増えようと悪戦苦闘している。しかも、一生のうちのある期間、一年のうちのある時期、各世代、あるいはときに応じて、生存をかけた

闘争を演じ、大量の死を被らなければならない。（『種の起源』　第三章）

日本では新型コロナウイルスの累積感染者数が千人になるのに六十五日を要したのに、千人から二千人になるまでは十一日、二千人から三千人になるのにはわずか四日であった。五千人を超えてからは二日で千人のペースで増加した。このような爆発的な増え方を「指数関数的」な増加という。

しかし、化石をはじめ現在の生物学の知見は、生物が「指数関数的」に増殖する存在であることを支持していない。増殖を抑制できない生物が存在したとしたら、食糧を使い尽くして絶滅するだろう。生物は増殖を自己調整することで持続してきた。

生命の最小単位は細胞である。単細胞生物は環境中の栄養素が減少したり仲間の密度が高くなったりすると、細胞増殖を抑制する。

多細胞生物の場合、受精卵からはじまる細胞分裂は発生・発達の段階では高速に進むが、成長とともに増殖速度は低下し細胞分裂は抑制されるようになる。増殖のブレーキは、すべての生物だけではなく、その構成要素の細胞レベルでも重要な役割を担っている。もし体細胞の自己増殖速度が適切に制限されなければ、動物は驚くほど巨大化する。

北米の化石のなかから発見されたスーパーサウルスという恐竜は全長三十三メートル、体重四十トンにもおよび、寿命も百歳近かったと推定されている。[*49]
卵から孵化したときのスーパーサウルスの大きさは人間の新生児とおなじ五十センチ程度だったが、成長速度は毎年二メートルと恐ろしく速かった。
あまりにも巨大なためにスーパーサウルスは頭を上に高くあげることができなかった。二十メートル近い高さにある頭に血液を送るにはとてつもなく大きな心臓が必要だが、それは現実的ではなかった。しかし、こんなスーパーサウルスも十歳をすぎると成長はゆるやかになり細胞の自己増殖は制限された。

人体は三十七兆個の細胞から成り立っている。この複雑なシステムは、自発的に増殖する細胞が分化という新たな自己の創出によって相手の細胞と同期したり、それを破ったりすることで生じる。

自然が織りなす複雑で豊かな生態系は、様々な生き物が互いにあるときは寄り添い、またあるときは離れる選択をして生成する。だから細胞も生物も単純に指数関数的に増加しない。

これに対して、ウイルスは数種類のタンパク質を表面に持った小さな被膜が、核酸（RNAかDNA）を覆っただけの単純な構造をしていて、細胞に寄生しないと増殖できない。つまりウイルス自身には自己組織化の働きがないのだ。

新型コロナウイルス感染症の克服に向けて

ウイルスはどんな細胞にでも寄生できるわけではなく、人間や家畜を宿主とするウイルスはふつう土壌中では増殖しない。土壌中の細菌やカビ、太陽から降りそそぐ紫外線などによってウイルスは容易に分解される。

新型コロナウイルス（SARS-CoV-2）はプラスチックやステンレスのような細菌が生存しにくい材料の上や暗い密閉空間では比較的長時間生存するので、人工的な環境では強い感染力を持っている。[*50] 加えて、国や地域を超えた世界規模での人間の結び付きが感染を急拡大させた。

人間や動物は、もともと小さな集団で暮らしていた。しかし、人口爆発による人口密度の増加、それを支えるための高密度での家畜の増産は大規模なウイルス感染症を起こす原因となっている。

新型コロナウイルス感染症の「指数関数的」な拡大は、人間の構築した環境によって生み出されたのだ。

人間をはじめどんな動物も細菌やウイルスのいない状態で生きることはできない。山本太郎が『感染症と文明——共生への道』で論じたように、徹底した防疫がパンデミックという悲劇を生み出してしまう。[*51] 人間のゲノムには、過去に感染したウイルスの痕跡が残っている。人間はウイルスの感染を何度も経験し、この荒馬を乗りこなし、手なずけてきた。[*52] **ウイルスとの戦いに勝つという発想では、ウイルス感染症は克服できない。**

新しいウイルス感染症のワクチンが開発できても、全世界の人々に行き渡らせるだけの量を製造し、接種するには長い時間がかかる。ワクチンによる予防は万全ではないのだ。

人間の身体には膨大な数の微生物が存在している。例えば腸の壁には百兆個近い細菌がグループごとにまとまり棲んでいる。それが花畑のようなので「腸内フローラ」と呼ばれる。[*53] 腸内細菌とのバランスが壊れると、下痢や便秘になるだけではなく、肌荒れ、肩こり、生活習慣病などを発症させる。皮膚や口・鼻・気管などの粘膜も細菌で覆われていて、身体状態によってはそのバランスがおかしくなり、感染あるいは身体に常在しているウィルスによって病気が引き起こされる。

我々がこれから取り組まなければならないのはウイルスの排斥ではなく、多様な微生物と共生できる環境の構築によって、ウイルスを病原体にさせないことである。

多数の死者と深刻な症状を引き起こしている新型コロナウイルスの場合でも、多くの人は軽症だったり症状がなかったりする。人間には新たなウイルスと折り合いをつけて生きる力があるのだ。

新しいウイルス感染症の全貌が明らかになり、感染によって重い症状が現れる人を、感染前に高精度で予測する技術が開発できれば、リスクの高い人だけを保護して、それ以外の人は通常の生活と経済活動を続ける対策が取れる。ワクチンが開発できたときも、リスクのある人に優先して接種することができる。そして、いずれはリスクを下げる予防法が生まれるだろう。

一人ひとりの個性に基づいて、解決策を考えることで病原体との共生はこれまでよりも少ない痛みで実現できる。しかし、メカニズムによって普遍的な真理を追究してきたこれまでの生命科学のやり方では、高精度の個別化した予測と予防は開発できない。個性が自己組織化によって生成されるからだ。

生命の本質である、「個性とその生成」を扱う新たな生命科学が、社会の問題を解決するために求められている。

第二章

ハンチントン病の痛みに心を寄せる

一九七一年九月、私は約四年間暮らしたニューヨークから帰国し、大阪の公立小学校に三年生として編入した。

それから、しばらくしてのこと、学校行事で「父ちゃんのポーが聞える」という映画を見る機会があった。この映画はハンチントン病を十二歳で発症し二十一歳で亡くなった松本則子(まつもとのりこ)という実在の人物を吉沢京子が演じたものだ。ハンチントン病には、「自分の意志とは関係なく身体が動いてしまう不随意運動」「認知能力の低下」「情動の障害」などの症状がある。誰からも見守られることなく主人公が病室で一人亡くなるシーンは今も忘れられない。*1

クラスの優等生は、病気に負けずに明るく頑張る主人公に対する感動を語り、多くの同級生が主人公の悲しみに対する同情を語っていたように思う。しかし私は感想を語ることができなかった。担任の教師は単に帰国子女である私の国語能力の問題と解釈したようだが、私は治らない病気が存在することに恐怖した。

怪我を防ぐために身体を鍛え、感染症を防ぐために手洗いやうがいを励行し、湯冷めや冷たいものの食べ過ぎに注意する。当時の私は健康とは努力すれば得られるものであり、たとえ病気になっても病院に行けば治るものだと考えていた。しかしこの映画は治らない病気という宿命があることを私に思い知らせたのだ。

もしかしたら親しい友人や家族、自分自身が若くして死ななければならないかもしれないという恐怖と、人生が自身の努力によって変えることができない宿命であると考えたときの無力感をこのときはじめて知った。

中学生になり松本則子が闘病の間に残した詩に出会った。[*2]

苦しみぬいたと
うぬぼれてはならない
苦しみきれぬと
絶望してはならない
たえず苦しめ
苦しみの上にあれ
そしてほほえめ
苦しみは
波のようなものではないのか
礒岩をかむその波　波
海草を洗う波　波

〈昭和四十年十二月二十二日　『父ちゃんのポーが聞える』松本則子〉

ここに溢れている心の力は、私に生きるとは何かを教えてくれた。

昭和四十五（一九七〇）年七月二十六日、則子は誰にも看取られることなく一人で亡くなった。死の九日前に文通相手の千葉衛子がはじめて則子の療養所を訪れた。千葉と会うという最後の夢がかなったことで、則子が生きるための闘いに終止符を打ったように思えてならない。

最後に死があるから苦しくとも安心です
美しく死にたい
〈昭和四十二年八月二十三日　『父ちゃんのポーが聞える』　松本則子〉

松本則子の詩に出会ってから、ハンチントン病の患者の苦しみを救うために何かをしたいと思うようになった。

iPS細胞が招いた特許紛争

二〇〇八年十月二十七日。いつもの早朝業務が一段落したとき、ソニー本社の広報部からメールが届いた。そこには、日経新聞朝刊に掲載された私の記事が添付されていた。

iPS細胞　桜田氏、研究続けず　ソニーCSLに移籍

京都大学の山中伸弥（やまなかしんや）教授とほぼ同時期に新型万能細胞（iPS細胞）を作製し話題となった独系バイエル薬品（大阪市）の元研究幹部である桜田一洋氏が、その後移った米iZUMIバイオ（カリフォルニア州）を辞め、ソニーコンピュータサイエンス研究所（CSL）に移籍した。ソニーCSLではiPS細胞の研究はせず「生命システムの根本原理の理解につながる新しい研究をする」という。

桜田氏は八月末にiZUMIの研究トップを退任、九月にソニーCSLのシニアリサーチャーになった。このほど取材に応じ「iPS細胞の基盤は築くことができた。突然に見えるかもしれないが、次に進む時期だと判断した」と説明した。

私は自分の転職が新聞の記事になることに戸惑いを覚えた。

研究成果は誰のものか

前職を辞してドイツの製薬会社シエーリングの日本法人に入社したのは二〇〇四年十月のことだった。これに遡る一年前、シエーリングは世界ではじめて幹細胞技術と再生医療に焦点を当てたリサーチセンターを神戸に設立する決定をしていた。共同研究者からの推薦があり、二〇〇四年春にセンター長候補として私に白羽の矢が立ち、面接試験などを経て秋から初代センター長と成体幹細胞（ＡＳ細胞）の技術開発を担当する研究室長に着任するのが決まった。

神戸リサーチセンターが開所式を行った同年十月二十日、過去二十五年で最大と言われた台風二十三号が神戸をかすめ、ポートアイランドは暴風に見舞われた。思い返せば、波瀾万丈で儚い運命を辿ったこのセンターの運命を予見しているかのようだった。

二〇〇六年三月、本社での定例会議に出席するため雪の降るベルリン・テーゲル空港に降り立った。日曜日の夜だったが、到着とともに携帯電話に着信があった。ドイツ本社の友人からの連絡で、「明日大きな発表があるらしい」という情報を伝えてくれるものだった。
翌日、ドイツ・メルク社がシエーリング社に対して敵対的ＴＯＢ（株式公開買い付け）を行うことが発表され、ドイツの新聞一面はその記事で埋め尽くされていた。ベルリン滞在の数日間は、不安というよりはむしろ試験を終えて結果を待つ受験生のような気分であった。会社が合併すると研究領域の選別が行われ、新しい会社の事業戦略に合致しない研究部門が閉鎖されることがあるからだ。

神戸リサーチセンターでは幹細胞関連技術の開発に加えて創薬の研究を行っていたが、合併会社の事業戦略が決まる前に私たちの実力を目に見える形で示すには、時間のかかる創薬ではなく、短期間で決着する幹細胞の技術開発に集中する必要があると考えた。雪の降るテーゲル空港に降り立ってから一か月後、私が十年近くかけて開発してきた転写因子を用いた幹細胞の分化転換技術を、ヒト細胞の初期化に応用する決断をした。

その後メルク社によるＴＯＢは、ホワイトナイトとして登場したバイエル社が合併会社であるバイエル・シエーリング・ファーマ社を設立することで決着した。[*3]

二〇〇六年七月一日、カナダの学会で山中伸弥によって転写因子を使ったマウスの細胞の初期化が発表された。[*4] それは、その後ノーベル賞として評価された画期的な発見であり、発表会場は興奮につつまれていた。

山中伸弥は、分化した体細胞から胚性幹細胞（ES細胞）の性質を持った細胞を誘導することを目指してマウスiPS細胞を開発した。ES細胞とは発生初期の細胞で、身体すべての細胞を生み出す能力を持っている。

神戸リサーチセンターのヒト細胞初期化研究はマウスiPS細胞の追試からはじまった。山中伸弥によるマウスiPS細胞の発見がなければ、ヒト細胞の初期化はスムーズには進まなかっただろう。

二〇〇七年四月三日、正木英樹と石川哲也の二人によって神戸リサーチセンターでヒト細胞の初期化が成功した。[*5] この研究成果はまず特許明細書の形でまとめられ、二〇〇七年六月十五日に出願された。[*6] 企業では特許の権利を盤石にするために出願してからしばらくは論文の発表を行わない。論文は二〇〇八年一月十二日にオンラインで出版された。[*7]

神戸リサーチセンターでヒトiPS細胞技術の開発が短期間に成功したのは、正木と石川が独自のヒト細胞初期化条件を発見したからだ。[*8] この二人に加えて、多数の研究員の無心の精進が突破口を開けた。しかし、その努力は報われなかった。二〇〇七年九月三日に会社合併に伴う戦略の変更から、年内で神戸リサーチセンターが閉鎖されることが発表されたからだ。[*9]

二〇〇七年十一月二十一日、ヒトｉＰＳ細胞の初期化の成果をまとめた最初の論文がジェームズ・トムソンと山中伸弥の二つの研究室から発表された。[*10] 研究の成果を祝う華やかな表舞台とは対照的に、神戸リサーチセンターの研究者の境遇は日陰に咲く花のようであった。特許出願の直後に論文の投稿が許可されていれば、状況は異なったものになっていたかもしれない。

二〇〇七年十二月末、神戸リサーチセンターは閉鎖された。研究員は全員、研究テーマの継続をあきらめなければならなかった。それは言葉に表せないような悔しさであったはずだ。そんな愛しい仲間にかける言葉は今も見つからない。閉鎖の責任はその長であった私にある。ただ自分の腑甲斐なさで胸が張り裂けそうであった。

ヒトｉＰＳ細胞は、厳しい環境のなかで神戸リサーチセンターの研究者が一体となって取り組み成功したものだ。それにもかかわらず、研究成果が私の名前で代表されることに心苦しさを感じた。

先取権争いの勃発

ヒト細胞初期化の研究が先取権争いという点にだけ焦点が当てられ報道されたことも、私を割り切れない気持ちにした。

二〇〇八年四月十一日に騒動は起こった。[*11] この日、毎日新聞が「ヒトiPS細胞　バイエル薬品先に作成　特許も出願」という見出しの記事を朝刊に掲載し、神戸リサーチセンターでのヒト細胞の初期化の研究が社会から関心を集めることになった。

二〇〇八年一月に私たちの論文がオンラインで出版され、神戸リサーチセンターでは二〇〇七年四月にヒト細胞の初期化が成功し、六月十五日に特許出願を終えていたことが国内外の研究者の間で知られるようになった。これに対して、山中伸弥は新聞などの取材に対してヒトiPS細胞の樹立に自身が成功したのは二〇〇七年七月だと回答していた。[*12][*13]

これに遡ること一年、二〇〇七年五月六日から十一日までの六日間、科学技術振興機構（JST）の業務で山中伸弥といっしょにサンフランシスコベイエリアにある大学や企業を訪問し、米国での幹細胞の研究動向を調査した。[*14]

このとき、すでに神戸リサーチセンターではヒトｉＰＳ細胞の作製に成功し特許出願に向けて準備をしていたが、企業の研究者には厳しい守秘義務があり、私たちの研究状況を山中伸弥に話すことはできなかった。

山中伸弥は新しい研究分野を切り開くために懸命な努力を積み重ねていた。すでにマウスｉＰＳ細胞の開発で画期的な成果をあげていたのに、それに満足しているようには見えなかった。米国出張中も、大学や企業との打ち合わせの合間にランニングする姿は修行僧のようで清々しく、彼との間に先取権争いが生じないことを祈った。

それは叶えられない希望であった。神戸リサーチセンター閉鎖の傷が残る私の心にマスコミの報道は重く伸し掛かってきた。「企業の研究者が最高学府の挑戦課題に踏み入ってくるとは身の程知らずの行為だ」という批判も耳にした。ヒト細胞の初期化の研究を行わなければよかったのだろうか？　自問自答しても解決できる問題ではなかった。しかし、それさえも序曲にすぎなかった。

二〇一〇年一月には、神戸リサーチセンターから出願した特許が英国で成立し[15]、同年末には米国でインターフェアレンスの係争が開始されようとしていた[16]。

米国特許庁は神戸リサーチセンターから出願された特許と、山中伸弥が京都大学から出願した特許の両方の権利を認める判断を行い、インターフェアレンスの宣告がなされる状況となった。インターフェアレンスは、同じ権利範囲を含む複数の出願がともに特許性があると認められた場合に、その発明が実際に先に行われた出願人に特許権を与えるという制度である。インターフェアレンスが宣言されると、発明日を特定するノートなどの証拠書類を出し合い、先取権を争う裁判が行われる。この係争には、膨大な費用と労力を要する。

科学に競争という側面があるのは否めないが、私たちは紛争を生み出すために研究をしてきたのではない。癒しがたい寂しさが私の心を占めていた。

神戸リサーチセンターの特許はバイエル薬品が社外に譲渡することを決めていたので、[*9] 私は米国シリコンバレーでiZumiバイオ社という会社を立ち上げ、最高科学責任者として神戸リサーチセンターの研究成果と特許を継承させた。

私がiZumiバイオ社を退職した後に設立された後継会社アイピエリアン社は、京都大学との協議によって係争を回避させた。神戸リサーチセンターから出願された特許は京都大学に譲渡され、その対価としてアイピエリアン社は京都大学が取得したｉＰＳ細胞関連特許のライセンスを受けた。

特許紛争が和解によって解決されたことで、私はようやく心の荷を下ろすことができた。

二〇一二年にノーベル委員会が作成した医学・生理学賞の資料にはこの年の受賞理由となる三つの研究成果が記載されている。[*17] 最初はジョン・ガードンによる核移植を用いたカエル細胞の初期化、二番目が山中伸弥による転写因子を用いたマウス細胞の初期化である。ノーベル賞はこの二人に与えられた。

資料の後半三分の一には、三つ目の成果「転写因子を用いたヒト細胞の初期化の研究」が記載されている。しかしこの業績については、誰に先取権があるかは示されなかった。

ヒト細胞初期化の発見は、転写因子によってマウスの細胞が初期化できるという山中伸弥の発見と比較すれば、革命的であるとは言えない。iPS細胞という世界を開いたのは山中伸弥である。それが不動の事実である。

哺乳類の細胞が核移植によって初期化できることがはじめて報告されたのは、一九九七年のことだ。初期化によってドリーと名付けられたクローンの羊が誕生した。孫悟空は自分の毛を抜いて吹くと、自分の分身をつくることができる。ドリーはカエルのような両生類だけではなく、哺乳類でも技術的に分身がつくれることを示した画期的な発見であった。それは、社会に大きな影響を与えただけではなく、転写因子を用いた初期化の端緒を開いた。

ドリーの研究で筆頭著者を務めたキース・キャンベルは、二〇一二年のノーベル賞が発表される三日前に自死した。[*18]

ノーベル賞の受賞理由の説明資料のなかに、ドリーの成果がガードンの発見から派生した研究として紹介されている。それはキャンベルの仕事が今後ノーベル賞の対象にはならないことを意味していた。もしキャンベルの自死が、事前にノーベル賞の結果を耳にしたことが原因であったとしたら、こんな悲しいことはない。

たとえノーベル賞の対象とならなくても、彼の業績が人々の心に深く刻まれていることは明らかだ。

試行錯誤を繰り返し、二〇〇七年四月にヒト細胞の初期化が仲間の手によって成し遂げられたときの感動は忘れられない。これは他人の評価や他の研究者との比較という道具的な価値の関与できない、一回限りの内在的な体験であり、全力で走ったとき身体を通りぬける一陣の風のようなものだ。

激しい先取権争いの報道は、研究者の心の力という研究が本来持つ内在性の意味を矮小化しているように思われた。

自然現象のなかに隠された意味を発見することで、難病を解決したいという気持ちが、私を研究に向かわせてきた。それは自然の摂理という「見えないものを見る」ための挑戦であって、研究成果や評価という「見たいものを見る」ためにやってきたのではなかった。

ヒト細胞の初期化研究で私の心に刻まれたのは、細胞が遺伝子によってプログラムされた機械のようなモノではなく、自分で自分をつくり上げる自己組織化システムであるという見方であった。

ヒト細胞の初期化の頻度は非常に低い。その理由を考えるなかで、初期化が転写因子によってプログラムされているのではなく、振り子のように複数の状態を推移しているヒト細胞が、転写因子の導入で生じた新たな振動と同期して初期化が自己組織化されるのだと考えた。[*19]

この着想は私が繰り返し考えてきた「生命とは何か」という問いに新たな光を当て、次の挑戦に向かわせた。

生命を追い求めて

分子生物学の開拓者との出会い

私が分子生物学の考え方に最初に触れたのは高校一年生の夏であった。偶然に手にした渡辺格の著書『人間の終焉　分子生物学者のことあげ』からだ。[*20]

渡辺格は一九七六年に出版したこの本のなかで、人間や生物の特徴がすべて遺伝情報によって先天的にプログラムされているという生命論を紹介した。人間の終焉とは自然哲学が問うてきた発見的で創造的な生命像の否定を意味する。そのことを渡辺は次のように表現した。

分子生物学は、長い間生命現象と物理現象の間にあると思われていた断絶を埋めたことによって、生物学を〝没価値的な無意味な〟物理的科学の方に組み込ませてしまった。

この言葉に渡辺の葛藤が表れているように、当時高校生であった私も人間を機械になぞらえる考え方に反駁した。一方でこの考えが正しいのなら、自然に発症するように見える病気もDNAプログラムのなかに必ず原因が存在し、この問題を修復する技術によって、病気は壊れた機械の部品を修理するように治せることになる。当時の私はそれがハンチントン病を克服できることだと理解した。

日本における分子生物学の開拓者は渡辺格、富澤純一、柴谷篤弘の三人である。私が高校を卒業する時期、富澤純一の門下生である小川英行（元大阪大学教授）と小川智子（元国立遺伝学研究所教授）が大阪大学理学部遺伝学教室を主宰していた。分子生物学の開拓者の考えを肌で感じたいという想いから、私は大阪大学理学部に入学し、小川研究室で大腸菌を用いた分子遺伝学の研究を開始した。

大腸菌は紫外線や薬剤などの有害物質によって自分のＤＮＡが傷つけられると、その傷を修復するためにLexAタンパク質を切断し、ＳＯＳ応答遺伝子を働かしはじめる。[*21] LexAのように遺伝子のオン・オフを調節する役割を担うのが転写因子である。

「ＤＮＡの傷を修復する仕組みを理解すればハンチントン病のＤＮＡプログラムを修復するヒントが得られるのではないか」という希望から、私の研究人生は始まった。

小川研究室は実験科学とは何かを学ぶ厳しい場であった。小川英行、小川智子は「重要な研究とそうでない研究を見極める力」と、「人とは異なる独自の視点を持つ力」を育てることが研究者にとって重要であることもよく話してくれた。また、「研究とは生命の本質を徹底的に正しく理解することを目指すものであり、個人の名誉欲や権力欲を満たすものであってはならない」ことを言外ににじませていた。そんな二人の姿勢に、分子生物学の開拓者の誇りに裏打ちされた美しさを感じた。二人に師事できたことはたいへんな幸運であった。

神経難病治療に向けた始動

一九八八年春に大阪大学大学院の修士課程を修了し、協和発酵工業株式会社（現協和キリン株式会社）東京研究所にあった長谷川護（はせがわまもる）が主宰する研究室に入った。ここでは放線菌（ほうせんきん）の遺伝子組み換え技術を用いて臨床診断酵素の生産性を向上させる研究を行った。

長谷川護はその後、ＤＮＡＶＥＣ研究所という日本初の本格的な遺伝子治療技術を開発する会社を立ち上げた。

ハンチントン病に対する新しい治療法を開発したいという希望を持って入社したのに、配属されたのが診断薬の生産技術を開発する研究室となり、最初はかなり落ち込んだ。しかし、私は長谷川護の生命に対する深い洞察に接し、この研究室での仕事にすぐ歓びを感じるようになった。

東京研究所には大学のように自由に研究を行える気風があり、ここでの研究者としての生活を楽しんだ。独身寮は東京研究所と同じ敷地内にあり、二十四時間、三百六十五日研究に没頭することができた。世間の華やかなバブル景気は私には関係なかった。

一九九一年一月、三年間の臨床診断酵素の仕事がまとまり、希望していた新薬を開発する研究室へ異動することが決まった。それを受けて、四月から神経科学の知識やゲノム創薬に関する技術を学ぶために京都大学医学部の中西重忠（なかにししげただ）（元京都大学医学部教授、京都大学名誉教授）の研究室に研究生として留学することになった。

研究室は不夜城で、午前一時二時でも何人もの大学院生が実験に取り組んでいた。ここでも私は研究三昧の生活を送ることができた。私の最初の研究テーマは、当時大学院生であった笹井芳樹（ささいよしき）が発見したＨＥＳ３という神経分化に関連する転写因子であった。

実験机は笹井の隣になった。彼は膨大な知識を背景に、神経発生についてほとんど知らなかった私に、そのおもしろさを伝えてくれた。ハンチントン病に対する有効な治療法を開発したいと思っていた私は、笹井との会話から再生医療への手掛かりを得た。

ＨＥＳ３の研究からは、複雑な脳の神経回路が転写因子による遺伝子のオン・オフ調整によって形成されることを学び、転写因子が脳の病気を治療するのに利用できることに気付いた。私の研究者人生は、臨床診断酵素の研究を経て再び転写因子に戻ってきた。

ファッション化する生命

遺伝子の改変は命の選別

中西研究室から協和発酵に戻った一年後、ハンチントン病の原因遺伝子ハンチンチンが突き止められた。[*22] この遺伝子配列のなかには三塩基を単位とした繰り返し配列があり、繰り返しの数が四十以上に増えるとハンチントン病が発症することが明らかになった。ハンチントン病は遺伝子の変異を片親から継承することで発症する。[*23]

松本則子の場合は、母親から原因遺伝子を受け継いだ。遺伝病のなかには遺伝子の変異を持っていても発症しない場合がある。しかし、ハンチントン病の場合にはＣＡＧ配列が四十以上に増えた遺伝子を一つ継承すると確実に病気が発症する。ハンチントン病の原因遺伝子は病気の発症に強力な影響を与えるのだ。

ハンチントン病が悲劇的なのは、いったん伸長したＣＡＧ配列が不安定なために世代が進むにつれて繰り返し配列は長くなり、発症年齢が低下することだ。[*23] 則子の母は三十一歳のとき発症し八年後に三十九歳で亡くなったが、則子は小学校六年生のときに発症し九年後に二十一歳で亡くなった。[*2] 則子が発症したのは母が亡くなった翌年である。

遺伝子の異常は病気の発症前に知ることができる。出生前に遺伝子検査を行えば、ハンチントン病の原因遺伝子を持つ子供が生まれないように人工妊娠中絶することが可能である。このような選択肢があることは、家族にとっては選択の機会を得るという重い意味がある。しかし則子の生き方に勇気をもらった身としては、彼女の人生を否定するようでハンチントン病を選別する技術の開発に私自身が取り組むという決断はできなかった。

二〇一八年に中国の研究者がゲノム編集という方法で遺伝子を改変した受精卵から双子の新生児を誕生させた。[*24] ゲノム編集技術でハンチンチン遺伝子のＣＡＧ配列を短くすることができれば、ハンチントン病を根治できる可能性がある。

遺伝子の変異を修復することで病気を治療するのは大学時代の研究目標であった。しかし、ハンチントン病の原因遺伝子が発見された後も、この方向の研究には向かわなかった。遺伝子の改変も命の選別だと考えたからだ。改変すべき変異とそうでない変異を線引きすることは容易ではない。遺伝病に限らず人間の様々な特性に遺伝子改変が応用されたら、いずれ流行のファッションのように、人生がデザインされるようになるかもしれない。

人間の選別や改変とは異なる第二の取り組み方を考え続けた。ハンチントン病の原因遺伝子が発見された三年後の一九九六年に私が選んだのは神経再生による治療であった。

ハンチントン病の再生医療を目指して

二〇一九年八月一日、講演のためにはじめて訪れた京都大学iPS研究所でパソコンを立ち上げ、メールボックスの確認をすると一件のメールが届いていた。慶應義塾大学で准教授をしていた三好浩之の急死を伝えるものだった。

彼は大阪大学小川研究室の一年後輩で、一九九五年からソーク研究所のインダー・バーマ研究室に留学し、独自のウイルスベクターを開発して遺伝子導入の難しい幹細胞に外来遺伝子を導入する研究を行っていた。

一九九六年の夏、米国出張の途中でソーク研究所に立ち寄る機会があった。その折に三好浩之から、フレッド・ゲージの研究室が世界に先駆けて大人の脳内にある神経幹細胞を使って神経変性疾患(けいへんせいしっかん)の治療に取り組んでいることを教わった。

神経幹細胞とは新しいニューロンを生み出すための「種」のようなもので、組織幹細胞の一つである。

神経科学の基礎を築いたラモン・イ・カハールは、「人の脳には病気などで失われたニューロンを再生する働きはない」という学説を百年前に提唱し、学界では神経の変性を伴う脳の病気を再生によって治療することは不可能であるというのが通説であった。[*25]

この仮説に挑戦し、フレッド・ゲージは大人の脳内でも新しいニューロンが生まれることを明らかにした。[*26]

私は人の脳に新しくニューロンを生み出す「種」があるのなら、ハンチントン病の患者の脳に健康な人由来の神経幹細胞を移植し、適切な「肥料」を与えてニューロンの「花」を咲かせられれば、病気を治せるのではないかと考えた。

神経幹細胞の培養技術とウイルスベクターによる遺伝子導入技術を組み合わせてハンチントン病の新たな治療法を開発するという希望を携え、一九九七年の夏に米国サンディエゴ・ラホヤの海を見下ろす高台にあるソーク研究所のフレッド・ゲージ研究室に留学した。

ソーク研究所に着任し、研究を計画し始めると、根本的な問題に直面した。ハンチントン病で生じる障害は脳の線条体にあるスパイニーニューロン（中型有棘ニューロン）が失われることで生じる。しかし、ゲージ研究室のそれまでの研究では、大人の神経幹細胞からスパイニーニューロンが新生するという現象は発見されていなかった。

自然科学とは自然現象を観察し、その仕組みを理解し、問題解決に役立てることであるが、ハンチントン病で失われるスパイニーニューロンの再生を観察し治療法を考えるという方法は取れなかった。その代わりにできることは、脳神経系の発生に関する知見を再生に応用するという戦略であった。この考えは笹井芳樹から着想を得たものだ。

研究はハンチントン病ではなく、まずパーキンソン病という別の脳の難病に標的を定めた。スパイニーニューロンよりも、パーキンソン病で失われるドーパミンニューロンのほうが、発生学や遺伝学の知見が蓄積していたからだ。[*27] 加えて、私の前にゲージ研究室に留学していた高橋淳（現京都大学教授）が大人の神経幹細胞からドーパミンニューロンが分化してくるのを発見していた。[*28]

神経幹細胞の培養法を習得した後、私はドーパミンニューロンの発生に働いている分化誘導因子という「肥料」を大人の神経幹細胞に添加し、ドーパミンニューロンが分化誘導できるかどうかを調べる研究をはじめた。しかしこの方法ではどのように分化誘導因子を組み合わせてもドーパミンニューロンを増やすことはできなかった。

分化誘導因子の代わりに私が注目したのは、ニューロンの分化を調節する転写因子であった。転写因子を使ってドーパミンニューロンの遺伝子群をオンにする方法を発見できれば、治療に応用できるのではないかと考えた。

先行する遺伝学の研究を参照にNurr1という転写因子を選択してウイルスベクターによって神経幹細胞に導入した。驚いたことに、ドーパミンニューロンを特徴づけるチロシン水酸化酵素（ＴＨ）が顕著に発現した。[*29] 転写因子による幹細胞の分化転換の威力を実感した瞬間であった。

しかし、詳細に解析すると転写因子Nurr1によって誘導されたのはドーパミンニューロンそのものではなく、ＴＨは本来発現しないグリア細胞などでも観察された。

この研究から、転写因子を細胞に導入する技術は細胞の状態を変える強い力があるが、細胞に一種の勘違いを起こさせ、自然には存在しない異常な細胞を誘導してしまう危険性があることを学んだ。

帰国後も、転写因子を幹細胞に導入して心筋細胞やホルモン分泌細胞の分化を誘導する分化転換の研究を積み重ねた。[30][31]

これら一連の研究での鍵になったのが外来遺伝子を幹細胞に導入するためのウイルスベクターであった。三好浩之がいなければ、転写因子を幹細胞に導入して性質を改変するという研究を着想することはなく、私の研究者としての人生は異なったものになっていただろう。急病で亡くなる直前まで、三好浩之は慶應義塾大学でウイルスベクターを使った脳腫瘍に対する新たな遺伝子治療の開発に取り組んでいた。彼の夢は同僚によって今も継承されている。

絶望から生まれたヒト細胞の初期化技術

一九九五年、米国オシリス社のダニエル・マーシャク博士が協和発酵東京研究所を訪問した。私はそのセミナーに参加し、間葉系幹細胞（かんようけいかんさいぼう）が、骨、軟骨、筋肉、腱、靭帯、脂肪などの身体を支えたり、形を維持したりする結合組織を生み出す「種」として働いていることを知った。

その二年後、米国の留学先で当時慶應義塾大学医学部病理学教室の梅澤明弘（うめざわあきひろ）（現国立成育医療研究センター研究所副所長）が、骨髄の間葉系幹細胞から心筋細胞を誘導することに成功したということを知った。[32]

心臓は再生しない臓器と考えられていたので、フレッド・ゲージによる成人神経幹細胞の発見と同様にそれまでの常識を覆す研究成果であった。さらに、結合組織の花を咲かせる「種」の役割を分担しているはずの間葉系幹細胞がその制限を超えて、心臓の細胞を生み出すということは、間葉系幹細胞は従来考えられていた以上の大きな分化能を潜在的に持っていて、ニューロンも分化できるのではと考えた。

もしそうなら、間葉系幹細胞はハンチントン病の再生医療に使える可能性がある。それは、画期的なことであった。なぜなら、健康な大人の脳から神経幹細胞を取り出すのと比較すると、骨髄から間葉系幹細胞を採取するのは容易だからだ。

米国から帰国後すぐに、私は梅澤明弘の門をたたき、薬物によって間葉系幹細胞を初期化する技術を学び、転写因子を使って間葉系幹細胞からニューロンや心筋細胞への分化能を促進する共同研究を行った。[*30] 細胞を初期化するという発想を与えてくれたのは、梅澤明弘である。

幹細胞には、神経幹細胞や間葉系幹細胞など様々な幹細胞がある。幹細胞のなかで全身のすべての細胞を生み出す能力を持っているのが胚性幹細胞（ＥＳ細胞）である。しかし、ＥＳ細胞は受精直後の細胞で、大人に移植すると癌が生じてしまう。[*33] この問題を克服するために大人の身体から、全身のすべての細胞を生み出す能力を持った幹細胞を分離するという挑戦が行われてきた。これを本書では成体幹細胞（ＡＳ細胞）と称する。

ＡＳ細胞に関する研究成果の最初の波は、一九九九年八月から二〇〇〇年一月という半年間に起こった。[*34]五つのグループが、子供や大人の身体から万能性を持った細胞が樹立できることを次々に特許として出願したのだ。この特許の内容は、その後論文として発表された。ヒトＡＳ細胞の研究はこの五つのグループだけではなく、世界中の様々なグループから報告された。

二〇〇四年十月、私は協和発酵工業から日本シエーリングに移籍した。シエーリングがスフエラミンというパーキンソン病に対する再生医療の臨床試験を米国で行っており、すでに第二相試験のステージにあったからだ。この臨床試験の知見は、私の目標であるハンチントン病の再生医療が実現できるかどうかを判断するための試金石になると考えた。このレベルまで協和発酵で研究開発を進めるには長い時間がかかることが予想され、後ろ髪を引かれる思いで私は協和発酵を飛び出す決断をした。

しかし、私の期待とは裏腹に再生医療の開発はたいへん難しいことを知った。その後、スフエラミンの開発は中止された。[*35]ＡＳ細胞の技術開発も苦戦した。ＡＳ細胞は組織中に存在するのではなく、ストレス刺激によって組織幹細胞が自律的に初期化するのだという仮説のもと、シェーリングでも研究を続けたが先行研究を追試することはできなかった。

二〇〇五年の秋、どの研究も行き詰まり、私は八方塞がりの絶望的な気持ちになっていた。半年近く悩んだ末に選択したのは、ソーク研究所に留学したときから十年間続けてきた「転写因子を用いた分化転換の技術」をＡＳ細胞の樹立に応用することだった。

二〇〇六年春に研究を開始する決断を行い、仲間の献身的な努力によって、二〇〇七年春にヒト細胞の初期化が成功した。それはＡＳ細胞ではなくＥＳ細胞に似た細胞であった。

ＳＴＡＰ細胞の悲劇

二〇一四年初春、ＳＴＡＰ細胞と名付けられたＡＳ細胞の研究成果が発表された。このときすでに幹細胞研究から離れて六年の月日が流れていたが、新聞に大きな記事が掲載されたのでこの論文に気付いた。

一月三十一日に笹井芳樹へ送ったメールが今もパソコンに残っている。彼がこの分野の研究をしているとは聞いていなかったので、その驚きと祝福のメッセージを送った。華々しい研究成果の発表が悲劇のはじまりになるとはこのとき思いもしなかった。

ＡＳ細胞の研究で苦戦した経験をしていたからだろうか、小保方晴子と笹井芳樹を全否定する世間の風潮に心を痛めた。そんな想いから、この年の五月と七月に神戸で笹井芳樹と会い、数時間にわたり話をした。

彼は問題の責任をすべて自分で背負おうとしていた。気丈に振る舞っていたが、苦しみがあふれ出ていた。そんななかで、自分のことよりも小保方の研究が続けられるように支援をしてほしいと語っていた。こんな、優しい気づかいを見せているのだから、彼はいずれこの問題を克服するだろうと信じた。

八月五日の朝、私は十一時三十分からはじまるソニーの幹部候補生に向けた研修で、講師として発表するために準備をしていた。発表の一時間前に、彼の自死の知らせを受けた。

生きるとは靄（もや）に包まれた未来に向けた決断である。挑戦には心を動かされる発見の歓びがあるが、同時に誤った判断をしてしまう危険性がある。挑戦の意味は、発見をとおした自己の変革にある。失敗が将来に大きな成功を導くことを歴史は示している。彼にその機会がなかったことに、胸を抉（えぐ）られるようであった。

はじめて、人前に立つのを苦しく思った。意を決し、「先ほど私の友人が亡くなった」と語りかけることで講義をはじめることができた。その日の講義を笹井芳樹に捧げる気持ちにしてくれたからだ。講演の題は「Life course solution（人生に寄り添う問題解決策）」桜田の挑戦」であった。

主要な科学雑誌が彼の研究業績を称え、彼の死を追悼する記事を掲載した。[36] 彼は私の研究者としての人生にも計り知れない影響を与えてくれた。七月に会ったときに、もっと強く感謝の気持ちを伝えておけばよかった。今でも彼のことを思い出すたびに苦しくなる。

マウスの病を癒した環境

二〇〇八年一月、神戸リサーチセンターで開発したヒト細胞初期化技術を移管するため渡米した。国内の関係者と検討を重ねた結果、米国のベンチャーキャピタル、クライナー・パーキンス・コーフィールド・アンド・バイヤーズが立ち上げたiZumiバイオ社に技術を移管することが決まり、サンフランシスコのミッションベイという場所に住み、このベンチャーの研究開発部門を立ち上げる仕事がはじまった。[37]

ミッションベイはカリフォルニア大学サンフランシスコ校のキャンパスが移転されたことで再開発が進んでいた。私の仕事場は、このキャンパスにあるグラッドストーン研究所のなかにあった。

住まいの近くには、サンフランシスコ・ジャイアンツの野球場があり、観戦に行くと藪恵壹(やぶけいいち)がすばらしいピッチングを披露していた。テレビでは連日、ボストン・レッドソックスの松坂(まつざか)大輔(だいすけ)の姿を映していた。米国で活躍する日本人に鼓舞されるように、私は全力でヒト細胞初期化技術の移管作業を行った。それでも、サンフランシスコでの仕事は前職と比較すると手が空く時間が多くあり、自分の未来を考えることができた。

転写因子で初期化したヒト細胞は細部に目を向けると様々な場所に初期化する前の元の細胞の記憶が残っていて、何かの拍子にそれが顔を出すことがあった。転写因子の導入という「技術」では捨てられない記憶が細胞にあり、それを無理に消去しようとすると、ゲノムの異常という別の荷物を細胞が抱え込むようであった[*38]。

出来たてほやほやの技術であり、課題があるのは当たり前で改良に挑戦すればいいのだが、ソーク研究所の体験から、転写因子によって道具的に初期化された細胞を私は全面的に信頼することができなかった。私にとって、これがヒト細胞初期化の意味であった。

梅澤明弘との出会いからはじまった初期化の研究は、十年の歳月を経てサンフランシスコで終止符を打つ決断をした。

同じころ、人をはじめ哺乳類や鳥類の脳内ではニューロンの再生が抑制されていることが示された。[39][40]もし神経回路が容易に再生するのなら、記憶は再生に伴い書き換えられてしまう。経験の記憶が重要な役割を担う哺乳類にとって再生とは経験の記憶を失わせることを意味する。人間の脳は大きな記憶力の代償として、神経を再生する能力を抑制している可能性があり、転写因子を導入した神経幹細胞を脳内に移植してもハンチントン病は治療できないと考えた。

フレッド・ゲージに師事してから十二年、全力で取り組んだ神経を再生させる治療法の開発も、サンフランシスコで終止符を打つ決断をした。

サンフランシスコのユニオンスクエアの近くにある日本食レストランで一人夕食をとっていたとき、私の取り組んできた生命科学の課題がはっきりした。健康や病気の問題はゲノム創薬・幹細胞・細胞初期化という技術だけでは解決できない。「病気とは何か」「生命とは何か」という根本的な問いを疎（おろそ）かにしてきたことで、壁にぶつかっていたのだ。

ちょうどこの時期、ハンチントン病のモデルマウスを玩具などがある**豊かで刺激的な環境で飼育すると、通常用いられる鳥籠のような環境で飼育したときと比べて、病気の進展が遅れる**ことが報告された。[41]

松本則子は「家族といっしょに暮らしたい」「立派な詩集を作りたい」という望みを持っていた。家族との暮らしは叶わなかったが、「なんのために生まれてきたのか?」という難問に解を見出すため、身体の自由を失った後も詩を作り続けた。彼女が発見した答えは、無償の心で相手の心を想うことであった。則子の心の力はハンチントン病の症状に少なからず良い影響を与えたはずだ。

先進医療は心と身体の結び付きを捨象して病気を身体的に治療してきた。これを、心と身体とを結び付けたやり方に変えていく必要があると考えた。

ハンチントン病への第三の取り組みとして私が選んだのは、自己組織化の考え方で様々な病気を理解し直し、ハンチントン病の本格的な予防医療を実現することであった。

二〇〇八年六月、一時帰国のさなかにソニーコンピュータサイエンス研究所の二十周年記念シンポジウムに出席し、所眞理雄社長が提唱したオープンシステムサイエンス構想に触れた。

彼は、「二十一世紀の解決すべき問題が、従来の機械論では対処できない時間的に変化する複雑で巨大な統合システムの問題であり、事が起こってからでは手遅れとなるので、未来を予測することで事の発生を防ぐ必要がある問題」とした。このような統合システムをオープンシステムと定義し、オープンシステムの問題に対処するための新しい科学としてオープンシステムサイエンスを提唱した。[*42]

事が起こる前にそれを防ぐという考えは、ハンチントン病に対する私の第三の取り組みそのものであり、従来の機械論からなる自然科学に対抗する学術分野を生み出すことで新たな文化を創出したいという所眞理雄の情熱は、**「心と身体」を統合し、病気の問題を克服したいと思っていた私に、新しい挑戦を決断させた。**

ヒト細胞初期化技術の移管作業が一段落した二〇〇八年八月、私は賦与されたストックオプションの権利をすべて放棄してiZumiバイオ社を退職し、九月にソニーコンピュータサイエンス研究所の門をくぐり、計算科学、数学、ＡＩを用いた生命医科学の研究をはじめた。

第三章

隔離した近代科学

ソニーコンピュータサイエンス研究所での十年は、私の人生で最も幸せで充実した時間であった。誰かを蹴落として自分をアピールする必要も、誰かから仕事を命じられることもなかった。それは、内なる情熱と自由からなる、全く新しい仕事の在り方だった。

ソニーグループでは十万人を超える社員が働いている。エレクトロニクス、コンピュータサイエンス、工学、数学のどれひとつとっても素人の私がソニーで何か貢献できることがあるのか不安であった。


人生をかけて挑戦してきた夢が破れていた私の心は、情に厚く、高潔なソニーの同僚によって癒され、潤いと情熱を取り戻した。彼らと一緒に未来社会に向けた新しい価値を考えることは、心躍る体験であった。同僚で同い年の茂木健一郎(もぎけんいちろう)やアンビエント・エレクトロス研究会の仲間からは特に大きな刺激を受けた。

こんな仲間に十年間育てられて、私は理化学研究所で生命医科学、ＡＩ、数学の異分野を横断する部門のディレクターを任されるようになった。異端を排除するのではなく、育てるというソニーの文化のなかで今の私は成ったのだ。

ソニーではじめて自由の意味を見つけた。自由とは無償の力で創出される現在である。生きているということは自由であり、自由を実現する能力を持つのが生物である。しかし人間は、しばしば自分の描いた未来を実現するために他者や世界を操作し支配してしまう。
外部に不自由を生み出す未来の先取りは自由ではない。こんな方法で生まれてきたものに、人の心を動かす力はない。

ソニーの創業者の一人である井深大（いぶかまさる）は、一九九二年一月二十四日に開催されたソニー幹部の会同で、パラダイムシフトについて語った。[*1] パラダイムとは、専門家だけではなく市井の人すべてが信じて疑わない世界の見方である。

井深はモノを中心とした科学が万能だと考えるパラダイムが浸透したのは、デカルトとニュートンが築き上げた「科学的」という言葉に世界の人々がみんな騙されてきたからだと指摘した。

「科学的」という考え方の誤りは「モノと心」を分けたことにあり、**近代科学のパラダイムを打ち破るには、「モノと心」を一体化した新たなパラダイムが必要であると論じた。**

私は十五年以上前に語られた井深の言葉を知って心が奮い立った。モノや機械の形式を現実に押し付けるのではなく、心に向かって来るコトから知を再構築し、新たな科学と文化とをソニーから発信したいと切に願った。

未来へのパラダイムシフト

「考える」と「感じる」の視点の違い

平日に仕事で目にする東京と休日の東京では、同じ街が異なった姿を見せる。ソニーコンピュータサイエンス研究所のある五反田（ごたんだ）の風景は、十年間の研究の苦しみと歓びが結び付いている。しかし、休日に息子と歩けば、平日に経験したことのない穏やかな感情を湧き上げてくれる。

街の情景は観察するときの心の状態に影響されるだけではなく、過去の経験の記憶によっても変化する。つらい経験をした場所に立てば、華やかな街並みにも影が落ちる。一方で幸せな経験が塗り返すこともある。

「現実の東京」と「私の心が描く東京」は同一ではない。この二つを区別するために、「現実の東京」を外部世界、「私の心が描く東京」を内面世界と呼ぶことにする。

東京は、私自身か誰かの心をとおさない限り認識されない。様々なメディアや対面の会話でやり取りされる東京の姿は、すべて内面世界で表現されたものだ。人間は内面世界を離れて世界を認識することはできない。

内面世界にはどのような共通の様式があるのだろうか？

村上春樹の『ねじまき鳥クロニクル』のプロローグは、スパゲッティをゆでるところからはじまる（行為）。ラジオに合わせて口笛を吹きながら楽しくやっていると（心の状態）、電話がかかってくる（出来事）。逡巡するが（心の状態）、火を弱めて電話に出る（行為）。すると見知らぬ女性から十分時間がほしいと言われる（出来事）。

思考には、「外部からの働きかけによって（原因）、人間の行為や心あるいは自然の対象が『ある状態』から『別の状態』に移る（結果）」という共通の様式がある。[*2]

川端康成の「雪国」の冒頭の一文、「国境の長いトンネルを抜けると雪国であった」をエドワード・サイデンステッカーは次のように訳した。[*3]

The train came out of the long tunnel into the snow country.

川端の文章は乗客の視点から風景の推移を主観的に描いたものだが、英訳のほうは、トンネルを出てくる機関車を雪国の上空から鳥の視点で客観的に説明したものだ。[*3]

論理的に「考える」とき、人は上空から外部世界を見下ろすようにして説明する。一方、直観的に「感じる」とき、人は当事者視点に立って受容する。

思考は、論理的に「考えること」と、直観的に「感じること」から成り立っている。

「感じる」ときも「考える」ときも、状態の推移という共通の様式が用いられるが、状態の表し方は異なっている。

感じるとき、表情、ジェスチャー、声の調子、息遣い、香りなどの非言語情報がひとまとまりになり、相手の状態が直観的に受容される。

考えるとき、対象は部分に分解され、共通の特徴によってタイプ化される。

レッドロビンとトキワマンサクという庭木からは、それぞれ異なる佇まいを感じるが、葉に注目すると、どちらも春に緑と赤の二種類の葉をつけるという特徴がある。葉の赤さはかなり異なるが、「赤」という言葉で代表される。これをタイプ化という。

メカニズムの自然科学

日常生活のなかで人間は外部世界を表現するだけではなく、判断や予測を行う。人間の内面世界は一人ひとり異なっているので、それは人によって違ったものになる。これに対して、自然科学が求めるのは誰が観察しても同じ結果になるという客観的な判断や予測である。

掃除機はスイッチを入れるとファンが回りはじめ、ノズルからごみが吸引される。機械とは「外部からの働きかけによって、機械がある状態から別の状態に移る」ように設計されたものであり、人間の内面世界の様式が反映されている。

自然科学には、自然を操作したいという人間の欲望を満たす目的がある。そのため、**自然に対して機械の枠組みを入れ込んでしまう。**

生命科学は遺伝学、分子生物学、医学、薬学、農学、健康科学など多様な専門分野から成り立っているが、生物の秩序はいずれもメカニズムによって理解できるという共通の認識がある。

典型的な自然科学の言い回しに、「春になって暖かくなると（原因）、越冬したモンシロチョウのさなぎは羽化する（結果）」や、「食べ過ぎ、飲み過ぎ、運動不足を重ねると（原因）、中高年の人は糖尿病になる（結果）」などがある。

すべての越冬したさなぎが羽化できるわけではないし、食べ過ぎ、飲み過ぎ、運動不足を重ねても糖尿病にならない中高年の人もいる。このような例外は捨象される。

科学的な真理は、メカニズムによって説明するためにタイプ化が行われる。それは「考える」ときの形式と同じだ。それゆえ、人間は自然を機械になぞらえるということの誤謬(ごびゅう)に気付きにくい。

病気を診ずして病人を見よ

国内で年間四十万人近くの人が癌で亡くなっている。癌という病気は原因も病態も多様で、治療薬は一部の癌でしか効果がない。もし治療薬に強い副作用があるのなら、治療効果のない患者はできれば服用したくないはずだ。しかし、現在の医療では事前に効果のある人とない人が厳密に予測できるわけではない。[*4]

精神疾患で苦しんでいる人は国内に四百万人近くいる。癌と同じように治療薬がすべての人に効果を示すわけではない。うつ病や統合失調症のように診断によって精神疾患を類型化しても、実際の病気は背景も病態も多様である。それに合わせて治療する客観的な診断法は現在の医療にはない。[*4]

東京慈恵会医科大学の創設者である高木兼寛は明治時代に「病気を診ずして病人を診よ」という言葉を残した。「病気というタイプ化からではなく、病人の個性から診断しなければならない」ということを説いたものだ。病人の個性に合わせた個別化医療が必要であるということは、何も目新しいことではない。

新型コロナウイルス感染症の急速な蔓延によって、事が起こってから問題を解決するというこれまでの治療の在り方の限界を目の当たりにした。私たちが本当に欲しいのは、病気になってからの治療ではなく、病気にならない生き方の支援ではないだろうか？

しかし医学は予防に対して思いのほか非力である。それは、医療が患者を治療する行為として発展してきたため、予防に関する知識がまだ十分に医学の体系のなかに組み込まれていないからだ。

病人の個性を知って予防法を開発するには、健康なときから病気が発症するまでの経緯を把握しなければならない。

医学雑誌の最高峰であるランセット誌は、二〇一三年にバイオメディカル領域の研究の八五%が無駄であるという厳しい論説を発表した。[*5] また論文の結論が再現しないという問題が、生命科学全体に広がっている。[*6] 機械になぞらえることで、病気が成るということや患者の個性が捨象されるからだ。

機械はスイッチを切って時間を止め、正常か異常かを調べることができる。しかし人間ひいては生物には自発性があり、経験を積み重ねて未来を創出している。**健康か病気かという問題は、現実の世界のなかで時間を止めずに心と身体を一体化させて理解しないといけない。**

人間が人間でなくなること

わずか〇・一秒速く走るためにトレーニングを繰り返すアスリート。美しく流暢に弾くために練習を繰り返すピアニスト。九十分間の試合を全力で駆け抜けるサッカー選手。孤独な闘いを行うテニス選手。それはあふれる情熱によって生まれる新たな自己と世界との『協創』であって、誰かを打ち負かすことを目指した機械的な学習ではない。

鍛え上げた筋肉や技が身体のなかで調和したとき、これまでに経験したことのない結果が現れる。スポーツ競技とは相手との間で創造される時間であり、自分と相手のスタイルから生まれる新たなスタイルの創出である。

勝ち負けは美しい時間を創出するための一つの目安にすぎない。圧倒的な実力差によって相手をねじ伏せてしまうような試合はつまらない。相手との美しい時間を創出するためにスポーツ選手はトレーニングを繰り返す。

進化論は勝敗によって自然を意味づけてきた。勝敗とは結果であり、そこには成るための時間がない。

進化論は自然や生物を、市場経済のように機械に類似したものとして説明するために構成された理念であり、それが世界を機械になぞらえ、相手を道具のように利用することを是とした社会の大義となった。

この大義には、「感じる」という心の働きから人間を解放することがユートピアだという信条が隠れている。そのことを澁澤龍彦(しぶさわたつひこ)は「人間が人間でなくなること」と呼んだ。[*7] 井深大が抗ったのは、この信条である。

AIの技術が進めば人間の仕事の多くはAIによって置き換えられてしまうのではないかという心配が広がっている。野村総研は二〇一五年に「二〇三〇年には日本の労働人口の四九%がAIやロボット等で代替される」という報告書を発表した。[*8]

思考から「感じること」を除けば、すべて「計算」に置き換えることができる。「人間が人間でなくなること」を目指し生きるのなら、あらゆることがAIに置き換わるだろうし、それが理想の未来社会となる。

知能は欲望の充足のような目標が定められたときに働くものだ。**知能に支配された社会では**

機械のようにすべてが設計され、未来の可能性や自由というものは消失させられる。

しかし、人間には自然や相手から届けられる見えないものの意味を発見し、受け入れる知性がある。それは、**知性が「考えること」と「感じること」を重ねて思考するからだ。**

人間が人間であるために、「考える」と「感じる」を一体化させた新たな知のパラダイムが必要である。

病気は、症状を抑える治療薬だけで治るのではない。患者自身の自己治癒力と治療薬が響き合ったとき病気は快方に向かう。[*9]

新薬を開発する臨床試験で、偽薬を処方された患者で症状が改善することがある。これをプラシーボ効果という。患者自身は新薬を投与されたのか偽薬を投与されたのかは分からないので、新薬を処方されたと信じた人の自己治癒効果が引き出されるのだ。逆に、**様々な疫学研究は不安やストレスが継続すると病気が発症することを明らかにした。**[*9]

心と身体、道具的な治療と内在的な自己治癒が密接に結びついているのは、臨床試験や疫学研究で実証された客観的な事実である。

問題なのは、一人ひとりで異なる複雑な心と身体を踏まえて、予防法や治療薬を開発する方法が既存の生命医科学にはないことだ。

機械の枠組みを患者に組み入れるのではなく、患者から伝えられることから科学の在り方を考えなければならない。

どんな難病の患者であっても、そこには息遣いや、心臓の拍動があり、心の叫びがある。患者が伝えてくれるのは、生命が自発性に支えられているということだ。

オープンシステムとは何か?

世界を境界によって内部と外部に分け、内部をひとつのまとまりとして解釈することをシステムという。人というまとまりを内部と考えれば、人がシステムとなり、細胞をひとまとまりの内部と捉えれば、細胞がシステムになる。同じように、生態系や社会をひとまとまりのシステムと捉えることもできる。

機械は閉じた境界を持ち、外部からの働きかけで構造や機能を変化させることはないが、生物や自然の境界は外部に開かれていて、その性質は相互作用のなかで時間とともにしなやかに変化する。このような違いから機械はクローズドシステム、生物や自然はオープンシステムと呼ばれる。[*10]

二十世紀はじめにメカニズムの生命科学に対抗して、有機体論の科学パラダイムを構築することに挑戦した科学者がいる。ウィーン生まれの生物学者ルートヴィヒ・フォン・ベルタランフィである。[*11]

機械は人間によって設計されたものだが、生物は自発的に複雑な個体を生み出す。彼はこの自発性がオーガニゼーション（編成力）によって引き出されると考えた。美しく調和して拍動する心筋細胞は編成力によって受精卵から生じるのだ。

編成力の本質はオープンシステムを研究する複雑系の科学によって明らかにされた。[*12]オープンシステムの境界は機械と異なり外に開かれていて、外部からエネルギーや物質を取り込んで、内部からエントロピーというゴミを排出する。このような状態を「非平衡（ひへいこう）」という。機械の中の部品と部品の関係は一方向で、部品の組み合わせは変わらないが、オープンシステムの要素は相互に作用し合い、関係を動的に変える。このような特徴を「非線形（ひせんけい）」という。**「非平衡」と「非線形」から生じる力によって、オープンシステムは無秩序になろうとする自然の原則に打ち勝ち、自発的にリズムやパターンを自己組織化する。**

自然や生物をオープンシステムと捉え、自己組織化の法則から現象を予測する自然科学をオープンシステムサイエンスと呼ぶ。

地球の大気は太陽からのエネルギーを受けて温められ、その熱を赤外線によって宇宙に放出している。その結果、大気は高度によって温度差が生じ、空気と水の循環という振動パターンが生じる。

植物は太陽から光エネルギーを取り込み、動物は他の生物を食べることで有機エネルギーを取得し、落ち葉やフンとして排出する。植物も動物も細胞分裂と細胞分化という原初的な振動パターンから複雑な形態や性質を創出する。

地球、自然、生物、社会、人間、脳、臓器、細胞は、自己組織化によって自発的にリズムを生み出す振動子である。[*13]

地球の自転と公転の周期的なリズムが昼夜や季節を、細胞分裂と細胞分化のリズムが発生と発達を、生物個体の生と死のリズムが進化と歴史を生み出してきた。リズムが時間を生成したのだ。

メトロノームと協創（シナジェティクス）

オランダの科学者、クリスチャン・ホイヘンスは十七世紀、同じ壁に吊り下げられている二つの振り子時計が正確に同じリズムで同期して時を刻むことを発見した。この二つの振り子時計は一時的に邪魔しても、短期間で再び同期する。ホイヘンスはこの現象を「二つの時計の共感」と記述している。[*14]

メトロームは様々なリズムで周期的に振動させることができる。隔離しておけば別々のリズムで振動する二つのメトロノームを自由に動く板の上に載せると、自発的にリズムが調整され同期して振動をはじめる。これを引き込み現象という。同期はメトロノームを十台、二十台と増やしても生じる。

異なる周波数と独立した位相を持った複数の振動子が弱く相互作用すると、リズムが調整され共通の周波数で振動するようになる。これを同期という。

同期は外部から強制的に「同期のような動き」をさせる「同調」とは異なる。

同期現象は世界の様々な場所で観察される。[*15]

月の自転と公転は同期しているので月はいつも同じ面を地球にむけている。超電導は電子の同期によって生じる。ケーキに立てた複数のロウソクの炎、砂浜に押し寄せる多数の波も、バラバラに揺らめいているのではなく互いに同期している。

すべての生物は、体内時計というリズムを持ち地球の自転と同期している。海洋には、例えばカキのように月の満ち欠けと同期して殻をあけてエサを取得したり、産卵したりする生物もいる。このような生物では日時計と月時計の両方の体内時計を持っている。[16]桜の花は一斉に咲きはじめ、紅葉が一気に色づくように、生物は季節の移り変わりとも同期している。

個体と個体の間にも無数の同期が存在する。木にとまった多数のホタルの点滅やコンサートでの観客の拍手は最初はバラバラだが、すぐに同期する。

重要なのは、すべての生物が同期しているわけではないことだ。個々の生物が同期したり、それを破ったりすることで、複雑で彩りを持った自然のパターンが現れる。それが可能なのは、生物と生物が弱い相互作用をしているからだ。

体内にはリズムの生成と同期が張り巡らされている。睡眠、認知、記憶、意識などの脳の活動は、神経回路から生成されるリズムとその同期・非同期によって生じる。[17]運動は身体の様々な筋肉や関節の同期・非同期によって可能になる。多数の心筋細胞の拍動は心臓全体で同期している。

健康な人は、二十四時間周期で変化する地球の自転や、三百六十五日の周期で変化する地球の公転と同期している。昼夜や季節のリズムに合わせて心身を変化させるのを支えているのが体内時計である。その形成に光の情報が重要な役割を担っている。[*18]

工業化社会が到来するまでは、視覚情報は昼夜や季節の変化など自然のリズムを持つものだけであった。しかし、照明器具などを用いた人工的な環境の拡大によって視覚情報の多くが自然のリズムを持たないものになった。それに、夜間の勤務などの不規則な生活が加わることで体内時計が狂い、睡眠障害や疲労感などの身体ストレスを生み出している。[*19]

私たちに向かってやって来る自然の恵みは、リズムによって伝わる。自然との間に弱い相互関係を持ち、自分のリズムを自然のリズムと同期させれば、新たな未来を描く自由が得られる。

相手の「見えない歓びや悲しみ」は弱い相互作用のなかで非言語的なリズムとして私に届き、私の心のリズムと同期して共感や共苦を生み出す。心で心を想うことには、自然の恵みを受容するのと同じ様式がある。

オープンシステムは自己組織化によってまず周期的に運動する振動子を生む。次に複数の振動子が弱く相互作用することで同期と非同期を選択して時空間に複雑なパターンを生成する。このように無償で秩序が創発することを本書では『協創（シナジェティクス）』と呼ぶ。[*20]

第四章

Being と Becoming

地球上には七十億人の異なる個性を持った人間が人生を歩んでいる。これに対して、自然科学は普遍的な説明を追究するため、個別の対象をタイプ化し、個性を捨象してきた。しかし実世界の問題を予防するには、個性に基づいた高精度の予測が必要である。

個性とはそもそも何であり、それはどのように生じるのだろうか?

外見の違いをはじめ、社会から求められる知能や運動能力、犯罪などの有害な行動の抑制、道徳観に代表される社会的認知など、人間の様々な特性がすべて、設計図や楽譜のように遺伝情報によってプログラムされていると考えることを遺伝子決定論という。この考え方に立てば、**個性は遺伝情報によって前もって準備された「存在(Being)」となる。**

二十年前に出会った天童荒太の「永遠の仔」という作品には、児童虐待を体験した三人の主人公が成人になっていっそう生きづらさを深めていく姿が描かれている。[*1]

近年の脳科学の研究から、幼少期に虐待を受けると脳の発達が妨げられ、精神疾患や薬物乱用のリスクが増大することが明らかになった。[*2] 一度生じた神経回路の障害は簡単には回復しない。脳だけではなく他の組織や臓器でも似たようなことが起こる。[*3] **個性には、体験を通して「生成(Becoming)」するという面がある。**

身体に宿る個性

身体は三十七兆個の細胞からできている。細胞には核があり、核のなかに四十六本の染色体が入っている。受精によって父親と母親からそれぞれ二十三本の染色体を受け継ぎ、人は誕生する。

染色体には二つの鎖がらせん状に重なり合ったＤＮＡという紐状の物質が巻き込まれている。二つの鎖はＧＡＴＣという四種類の塩基がＧ：ＡとＣ：Ｔの規則で塩基対を形成し重なり合う。四十六本の染色体には合計六十億塩基対のＤＮＡが格納されている。この塩基対の並び方が遺伝情報である。

ゲノムは遺伝情報全体を表すときに使われ、遺伝子はゲノムのなかにある約二万一千三百個の単位を表すときに使われる。

病気の発症は遺伝だけでは説明できない

一九〇二年英国の医師アーチボルド・ギャロッドが、家系内で代々再発する病気の発症傾向がメンデルの遺伝法則で説明できることを発見し、遺伝医学という研究分野が誕生した。[*4] ハンチントン病の発症もメンデルの法則に従う。

遺伝の本体がＤＮＡであることが示され、ＤＮＡ配列の解析技術が進展してヒトのゲノム情報が解明されると、任意の二人のゲノム配列を比較すると、数百万から一千万か所の一塩基の違いがあることが示された。[*5] このような違いを一塩基多型（SNPs）という。

この情報は専門家でなくても、SNPediaと呼ばれるウィキで調べることができる。[*6] 一塩基多型以外にも、ゲノムには遺伝子のコピー数や染色体数などの個人差がある。ゲノム情報は人によって異なっている。

ゲノム情報の解析から、遺伝子と病気の関係についての理解も劇的に進展した。遺伝性疾患は大きく単一遺伝子疾患、染色体異常症、多因子疾患の三つに分類される。[*4] ハンチントン病はハンチンチン遺伝子を原因として発症する単一遺伝子疾患である。

遺伝医学の百年以上の研究から明らかになったことは、**病気の発症に及ぼす遺伝の影響は病気によって大きく異なる**ということだ。[*4] ハンチントン病では一つの遺伝子が病気の未来をあたかも準備しているかのように働くが、生活習慣病や精神疾患では、多くの場合遺伝だけでは病気の発症を説明できない。

生まれは育ちを通して成る

一九六八年二月から一九七一年八月まで、私はニューヨーク市立第八十一パブリックスクールの付属幼稚園と小学校に通った。新型コロナウイルス感染症の流行拡大によってニューヨークで多数の人が亡くなっていることを耳にすると、同級生はどうしているのか心配になる。

ニューヨークでは学校にも街にも様々な人種の子供がいた。

今でも思い出すのは黒い髪を持った碧眼（へきがん）の少女のことである。どこで、どのように出会ったのかという記憶ははっきりしないが、エメラルドのような青緑色の瞳に私は心を動かされた。

金髪の白人だけではなく、黒髪の人にも碧眼の人がいるということは、瞳の色は身体の他の特徴からは分けて説明できることを示している。

虹彩（こうさい）の色はメラニン色素の量によって変化し、メラニンの量が少ないと青色になる。ヨーロッパと西アジアに住む碧眼の人の多くが、約六千年前に黒海沿岸に住んでいた一人の人間の子孫であることが報告された。[*7] 碧眼の人を調べると、虹彩でのメラニンの量を決める遺伝子の一か所で共通して同じように塩基が入れ替わっていることが分かったからだ。碧眼という特徴は遺伝子によって決定されている。

遺伝子の意味を自分なりに読み解くため、二〇一五年の夏、私は自身の全ゲノム配列を解析した。[*8]

甘さを強く感じるかどうかや生野菜の苦みに気付くかどうかは、二つの味覚受容体遺伝子の一塩基多型に担われている。[*9] 私のゲノム配列は、甘さも苦さも比較的感じにくいことを示している。甘さの感度に関する自覚はないが、ドレッシングのかかっていない生野菜を食べるのが好きなのは苦みの感度が低いからなのかもしれない。

パクチー嫌いの人のなかには、その香りをせっけんのように感じる人がいる。[*10] これはある嗅覚受容体遺伝子の一塩基多型によって決まっている。私のゲノム配列はせっけんのようには感じないことを示していて、実際にパクチーは嫌いではない。

アルコールやカフェインなどの嗜好品に含まれる化学物質の代謝速度も遺伝子によって決まっている。私の遺伝子はアルコールの代謝は速いが、カフェインの代謝は遅いことを示している。確かに、お酒には強いがコーヒーは多く飲むことはできない。

メンデルの遺伝学は生物の性質が分割可能で、分割された性質にそれぞれ遺伝子が一対一で対応しその特性を決定していると考える。虹彩の色、味覚、嗅覚、化合物の代謝という性質は遺伝子がコードしているタンパク質と一対一に対応しているので、メンデルの遺伝学の法則が成り立つ。人間の個性の一部は生まれ持ったものである。

SNPediaでは利用者の関心の高い一塩基多型がリストアップされている。最も人気のあるのが「他者への共感能力に関係するオキシトシン受容体遺伝子の多型」「筋肉の瞬発力と持久力の違いに関連するアルファ・アクチニン3遺伝子の多型」「アルツハイマー病の発症のしやすさに関連するアポリポタンパクE遺伝子の多型」の三つである。

オキシトシン受容体遺伝子には、AA型・AG型・GG型の三種類の一塩基多型がある。複数の研究結果を統合した解析から、GG型はAA型と比較すると社交性が高い傾向があることが示されている。[*11] SNPediaにはGG型が楽観的で共感力があり、ストレスに耐性という傾向があることが記されている。[*12]

私はGG型であるが、もし私に三つの特性があるのだとしたら、それは遺伝子によって先天的に決定されているというよりは、両親や家族、職場の仲間や先輩によって培われたものだと思う。

GG型であっても、幼少期に虐待など受けた人ではオキシトシン受容体遺伝子のDNAが化学修飾され、心の病を発症させる原因になることが報告されている。[*13] **心の特性は遺伝だけでは決まらない。**

アルファ・アクチニン3の遺伝子にはRR型・RX型・XX型の三種類の一塩基多型があり、スピードやパワーが求められる短距離走ではRR型・RX型が有利で、マラソンのような持久走にはXX型が有利であるとされてきた。最近の報告では、マラソンのトップアスリートでは必ずしもXX型が有利ではないことも示されている。[*14]

私の遺伝子はXX型だが、学生時代に持久走の成績が良かったという記憶はない。それはもちろん遺伝のせいにできない。XX型でも持久走ですばらしい成績を残している人がいる。こんな人はトレーニングや生活習慣を通して努力を積み重ね、才能を開花させている。私には努力が足りなかったのだ。

アポリポタンパクE遺伝子の一塩基多型では、E4／E4型だとE3／E3型にくらべて十四・九倍アルツハイマー型認知症を発症しやすい。[*15] 私の型はE3／E3なのでE4／E4型の人と比較すれば発症のリスクは低いが、将来認知症を発症しないわけではない。

三つの遺伝子の一塩基多型はあくまでも傾向を示すのであって、**個人の気質や体質を確実に**

表すものでも、病気が発症するかどうかについての明確な予測を与えてくれるものでもない。それは、ここで問うている人の性質が、複数の遺伝子の相互作用と人生の遍歴によって成るものだからだ。このような性質の場合、単純にメンデルの法則は成り立たない。

どのような性質を問うのかによって、遺伝子の意味は異なる。

ウィルヘルム・ヨハンセンは、「生まれ」だけではなく「育ち」の重要性を示したが、二十世紀はじめの遺伝学者はこれを無視し、生物の機能や進化は発生学によって説明するのではなく、遺伝学によって説明するべきだという提案を行った。[*3] これが現在の生命科学の礎となった。自分の全ゲノム配列を前にすると、自分の個性を知るという点からは遺伝学の知識に限界があることを実感させられる。私の個性は、「生まれ持った性質」が「育ち」をとおして成るからだ。

生まれ持った性質はどうやってできるか

人の一生は受精卵という一つの細胞からはじまる。[*16*17] 受精卵は細胞分裂を繰り返し胚と呼ばれる細胞の塊を形成する。細胞の数が百個程度まで増えると胚盤胞と呼ばれるようになる。それはミルクティーの底に沈んだ百個のタピオカのような姿だ。

胚の細胞が百個まで増えると塊の内側と外側で異なる細胞が分化しはじめる。内側からは胎児のもととなる細胞集団が生じ、外側からは胎盤のもととなる細胞集団が生じるのだ。このときに細胞の分化を指揮するものはいない。

極寒の中でヒナを育てるコウテイペンギンは、ハドルという円陣を組んで寒さをしのぐ。このときペンギンは外側から内側にローテーションする。外側にずっといると吹雪を直接受けて凍死してしまうからだ。同じハドルにいるペンギンでも、内側と外側では意味が大きく異なる。つまり、内側と外側は対称ではないのだ。

胚盤胞では細胞のローテーションは行えないので、内側と外側の非対称性が固定され細胞の分化が始まる。

同じ原理で、円盤状の塊になった胎児のもとになる細胞は、前後（頭尾）、背腹の非対称性を生み出し、位置に応じて細胞は異なる系列へと分化する。

円盤状の細胞の塊は、次第にバウムクーヘンのような筒状となり、外側の壁は外胚葉、内側の壁は内胚葉、外側と内側の壁に挟まれた部分は中胚葉になる。

外胚葉からは皮膚と神経が生じ、中胚葉からは骨格、心臓、腎臓が、内胚葉からは消化管、肝臓、膵臓、肺が生じる。

自発的に増殖をはじめた細胞が塊となり、対称性を失い分化することを繰り返して、人の「生まれ持った性質」は生じる。

自己創出される「育ち」

ニューヨークではハドソン川の東側にあるリバーデイルのアパートに住んでいた。ハドソン川沿いにはまだ自然が残っていてよく虫捕りに出かけた。アパートの近くには公園、プール、スケートリンクが揃っていて、自転車、野球、水泳、スケートなどいろいろなことをここで習得した。

地元の幼稚園と公立小学校では、英語をはじめ米国の文化を学んだ。土曜日にはニューヨーク市立第二十四小学校にあった日本語の補習授業校に通った。休みの日にはよく父にニューヨーク・メッツの球場に連れて行ってもらい、野球観戦をした。今でもニューヨークのことは故郷のように感じる。

ニューヨークで過ごした四年間は私の人生に大きな影響を与えている。米国と日本の文化の違いを目の当たりにしなければ、文化の多様性についての理解は異なっていただろう。私の個性はニューヨークでの生活によって培われたものだ。

ここでの生活でよく思い出すのは、母と弟の三人で近くの公園を散歩していて母が四つ葉のクローバーを見つけたときのことだ。そのとき母がとても幸せそうな顔をしていて私も幸せな気持ちにしてくれた。母は強者の論理や価値に抵抗する人であった。生まれつき与えられた家柄や財産などの在るものではなく、努力して獲得する個人の能力や創出される作品などの成ることに意味を見出していた。それだけに努力することを惜しまない人だった。

一卵性双生児は同じゲノム配列を共有しているので、個性が生まれ持ったものなのか、育ちをとおして成るのかを知るための重要な研究対象である。

一卵性双生児では一般知能、推論能力、言語的知能などからなる認知機能や音楽の才能が相関する割合は八〇%とかなり大きい。[*18] しかし、これは個性が遺伝子によって決まっていることを意味しない。

知能指数（ＩＱ）の一致率や統合失調症という精神疾患の発症率は胎盤を共有している一卵性双生児のほうが、共有していない一卵性双生児よりも高い相関を示すことが明らかになっているからだ。[*19]

普通の兄弟・姉妹の場合は、妊娠中の母親の身体状態は異なっているが、双生児の場合は受精から出産まで母親の身体状態は同じである。一卵性双生児の場合は三分の二が胎盤を共有しているので子宮の環境も一致している。

第二次世界大戦中、オランダのアムステルダムでナチスによって食糧の輸送が止められ、大規模な飢餓が発生した。そのときに妊娠していた母親から生まれた子ども約三十万人が、戦後長期間にわたって調査された。[*3]

一卵性双生児の生まれ持った性質が互いに似ているのはゲノム情報だけではなく、子宮の環境も一致しているからだ。

受胎後の最初の四か月までの間に母親が飢餓にあった胎児では、成長後に統合失調症、自閉症、心筋梗塞、耐糖能異常、インスリン分泌不全、肥満、脂肪食の嗜好、脂肪代謝異常、薬物耽溺などの生活習慣病や精神疾患に関連する症状が現れやすくなった。[*3]

胚や胎児は母親から届けられる栄養素を使って細胞分裂と分化を行うので、十分にそれらが届けられないと細胞や組織の性質が変化し、出生後に病気を発症しやすくなるのだ。

最近の研究では、栄養不足に加えて妊婦の免疫が活性化することが、子供の生活習慣病や精神障害のリスクを高めることになることが論じられている。[*20]

生活習慣病は世界の死亡原因の七一%を占め、その割合は年々増加している。[*21] 心筋梗塞や脳卒中に代表される循環器系疾患、慢性閉塞性肺疾患や喘息に代表される肺疾患、糖尿病、癌が四大生活習慣病である。加えて鬱、不安障害、統合失調症などの精神疾患も生活の質を低下させる深刻な問題である。精神疾患に罹患している人の死亡率は高く、生活習慣病の発症にも影響を与える。

生活習慣病の発症は一卵性双生児の双方で一致しない。同時発病率は乳癌で一〇%、前立腺癌で二〇から四〇%である。[*22] 遺伝情報が同じでも、成人後の生活習慣の違いによって癌が発症したり、しなかったりするのだ。

パーソナリティーが一致する割合も三〇%程度と大きくない。[*18] パーソナリティーは生まれつき持っている気質と成長とともに獲得する性格から成り立っている。気質が同じでも、育つ環境が違えば性格は異なったものになる。

知能は生まれつき与えられたものかもしれないが、何をどのように学ぶかで人の知性は異なるものになる。

車の工場では製造プロセスが厳密に設計され、何千台、何万台という同じ車が生産される。

しかし、生物の発生と発達は工場のように同じ条件を保つことはできない。私の遺伝子は子供のときにニューヨークに住むことを決めることはできない。**育ちとは自然や社会から届けられたシグナルを受け入れ、新たな自己を創出することである。**

今、必要なのは個性の科学

人間に個性があることを疑う人はいないであろう。

第一章で論じたように、新型コロナウイルスに感染する前に、発症後の症状の違いや回復するか死亡するかという転帰を予測できたなら、症状が重く死亡する危険性の高い人だけを安全に保護し、それ以外の人は普通の生活を送ってもらうことができる。個性を反映した予測は身近な問題の解決に貢献できる可能性がある。

しかし、生命科学にとって個性は厄介なものだ。メカニズムが個性の理解ではなく、生命の普遍的な仕組みの理解を目指すからだ。さらに、「生まれ持ったもの」が「育ち」をとおして成るのだという生物の特性が、時間を止めて生命現象を説明するメカニズムにとって個性を一層手に負えないものにしている。

個性を科学にするには、成るという過程を簡単に表現する手順が必要になる。人間が発生、発達、成長、老化を通して成ることは第三章で論じたように心身がある状態から別の状態へと順次推移していく形式で表現できる。

この前提に立てば、生命科学が取り組まなければならないのは、どのように状態を表現するのかという問題になる。

医学は自然科学のメカニズムの作法に従い、対象を部分に分け、タイプ化によって説明してきた。例えば、「風邪」は感染が鼻から喉頭(こうとう)までの上気道にとどまっている場合を指し、感染が気管から肺に広がると「肺炎」になる。

気道を上下に分けることで風邪と肺炎の区別が可能になり、さらに肺炎でどのようなことが起こっているのかを細胞や分子レベルで理解すれば治療薬を開発することができる。

しかし、分けることで上気道から下気道に向かって感染が進行するような経時変化が捨象され、タイプ化によって、上気道感染の持つ多様性や、上気道と下気道以外の症状が見逃される。**メカニズムは、個性を知るには適さないのだ。**

新型コロナウイルス感染症についての相談・受診の目安として、当初は「風邪の症状や三

郵便はがき

料金受取人払郵便

代々木局承認

6948

差出有効期間
2020年11月9日
まで

1518790

203

東京都渋谷区千駄ヶ谷4-9-7

(株)幻冬舎

書籍編集部宛

1518790203

ご住所　〒

都・道
府・県

フリガナ
お名前

メール

インターネットでも回答を受け付けております
http://www.gentosha.co.jp/e/

裏面のご感想を広告等、書籍のPRに使わせていただく場合がございます。

幻冬舎より、著者に関する新しいお知らせ・小社および関連会社、広告主からのご案内を送付することがあります。不要の場合は右の欄にレ印をご記入ください。　不要 □

本書をお買い上げいただき、誠にありがとうございました。
質問にお答えいただけたら幸いです。

◎ご購入いただいた本のタイトルをご記入ください。

『　　　　　　　　　　　　　　　　　　　　　　　　』

★著者へのメッセージ、または本書のご感想をお書きください。

●本書をお求めになった動機は？
①著者が好きだから　②タイトルにひかれて　③テーマにひかれて
④カバーにひかれて　⑤帯のコピーにひかれて　⑥新聞で見て
⑦インターネットで知って　⑧売れてるから／話題だから
⑨役に立ちそうだから

生年月日　西暦　　年　　月　　日（　　歳）男・女			
ご職業			
①学生	②教員・研究職	③公務員	④農林漁業
⑤専門・技術職	⑥自由業	⑦自営業	⑧会社役員
⑨会社員	⑩専業主夫・主婦	⑪パート・アルバイト	
⑫無職	⑬その他（　　　　　）		

このハガキは差出有効期間を過ぎても料金受取人払でお送りいただけます。

ご記入いただきました個人情報については、許可なく他の目的で使用することはありません。ご協力ありがとうございました。

図2　個性を「成る(Becoming)」として表現する方法

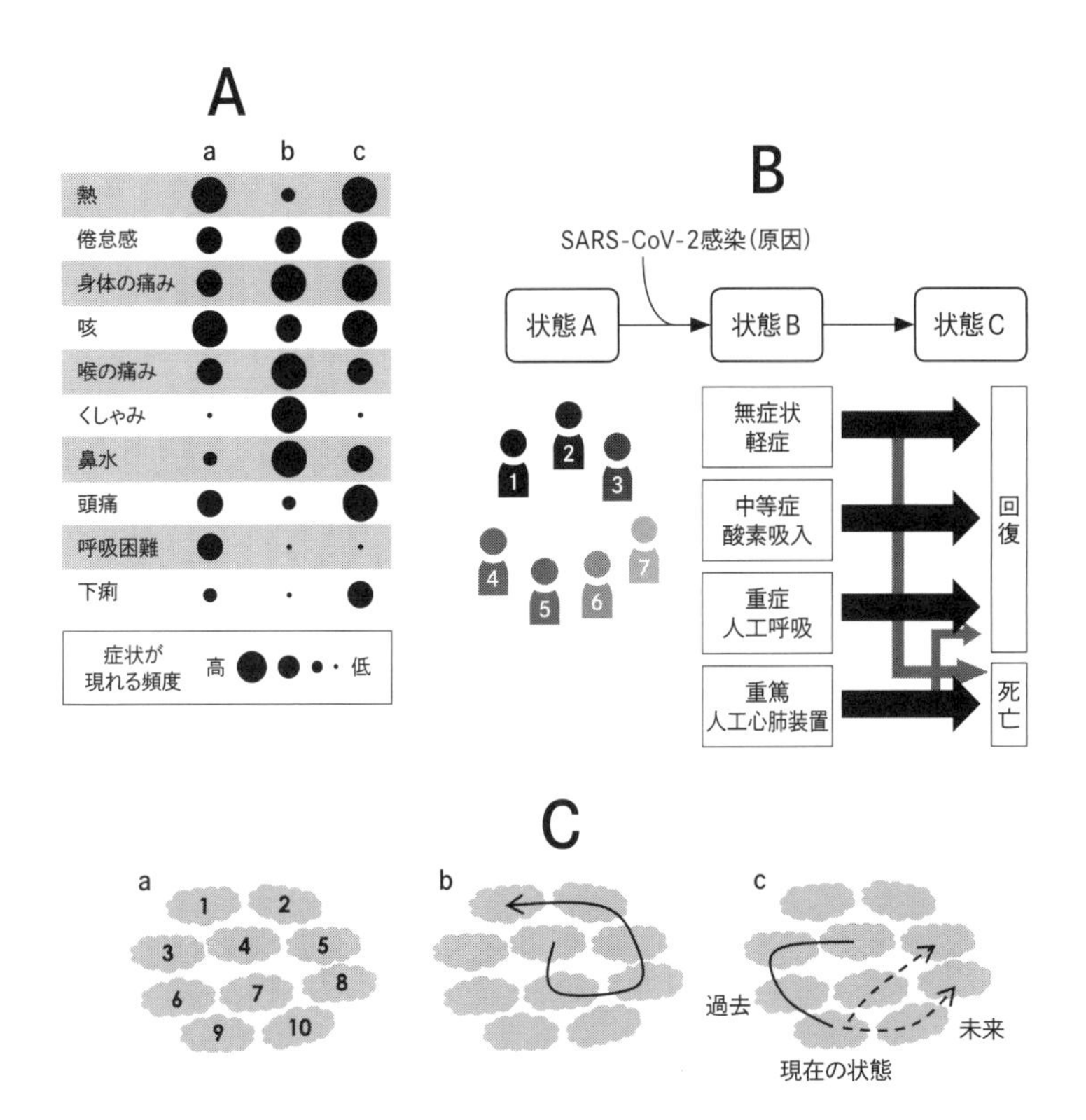

(A)新型コロナウイルス感染症(a)、風邪(b)、インフルエンザ(c)での症状の現れる頻度の違い。(※23)
(B)新型コロナウイルス(SARS-CoV-2)に感染したときに重症化するか軽症で済むかを感染前に予測するには、この目的に合った形で、感染前の人の状態を割り振る必要がある 。
(C)多数の人を調べて取りうる状態(1-10)が分かると(a)、「成る」という過程は矢印のように状態の推移で表現できる(b)。未来の状態予測は、現在の状態と過去の推移を踏まえて、状態推移の特徴を把握することで行える(c)。

七・五度以上の発熱が四日以上続く方」と「強いだるさ（倦怠感）や息苦しさ（呼吸困難）のある方」があげられていた。

風邪、インフルエンザ、新型コロナウイルスには共通した症状があるので、目安をはっきり示すことも、感染者本人はもちろんのこと、医師であっても症状だけから新型コロナウイルス感染症であるかどうかを診断するのは容易いことではない。[*23] そのために、ＰＣＲの検査が実施されている。

一方で、経験を積み重ねた医師のなかには診察だけで感染症の違いを正確に区別できる場合もあるだろう。このとき、患者全体の特徴がパターンとして捉えられる。図２Ａの表を一見すれば、ａ、ｂ、ｃのパターンに違いがあることがはっきりわかる。

過去に風邪やインフルエンザに感染したことがあり、そのときの症状を記憶している人であれば、新型のウイルスに感染したときに生じる身体全体の変化が、過去の感染症とは違うことを直観的に感じ取ることができるのと似ている。

状態の違いを捉えるには、様々な特徴を合わせて一つのパターンとして表現することが必要である。このとき情報科学の手法が使える。[*24]

メカニズムは因果関係から説明するが、情報科学では「情報量」や「情報エントロピー」という尺度で変化を予測する。[*25]

仮に上気道感染の多様性が、「熱、倦怠感、身体の痛み、咳、喉の痛み、くしゃみ、鼻水、頭痛、呼吸困難、下痢」の十症状に対して、「熱はあるが、咳はない」のようにして、あるかないかを調べれば区別できるとする。もし、上気道感染について何の情報も持っていないとすると、計算上は二の十乗すなわち千二十四通りの状態があることになる。

しかし、多数の患者で調べると実際に出現する状態の数ははるかに少ない。この制約が情報であり、情報に人間の秩序が隠れている。

「カ」「ガ」「ク」という三つの文字から、「カガク」「カクガ」「ガカク」「ガクカ」「クカガ」「クガカ」という六つの組み合わせが作れる。三つの文字がランダムではなく「カガク」という順番にならぶことで「科学」という意味が表現される。「ガカク」には「画角」という意味があるが、他の組み合わせには意味はない。文字の種類という情報に加えて、並ぶ順番という情報が与えられることで言葉の意味を特定できる。

このように、情報は個性を表すのに有効な方法である。

取りうる上気道感染の状態という情報が得られたら、次に下気道に拡大する可能性のある上気道感染の状態という情報によって、早期のウイルス感染症の患者から曖昧さのない形で肺炎になるかならないかが予測できるようになる。

この手法は、感染前（状態A）に感染後の症状（状態B）や転帰（状態C）を予測することにも応用できる（図2B）。

多数の人を計測して、様々な問題に対して人体が取りうる状態を特定できれば（図2Ca）、成るという過程は状態の推移によって一般的に表現できる（図2Cb）。このような状態の推移のデータを集めれば、現在の状態が将来、どのような状態へ推移しやすいかを予測できるようになる（図2Cc）。

成るとは自発的に生じる秩序の形成であり、新しい情報を生み出すことだ。従って、生命現象の予測は、これまで自然科学が扱ってきた再現性のある現象の予測とは異なる。

過去に作曲された楽曲からミュージシャンのスタイルが生まれ、そこから未来の楽曲が創出されるように、人間の未来も「スタイル」という尺度で捉えられる。[*26]

成るというのは人生という舞台で即興演奏を繰り返し、その中で自分のスタイルを確立し、自然や社会とともに新たな楽曲を創作し演奏することである。

第五章

人間の本質

四十二歳の頃から数年間、ベルリンでほぼ毎月、数日間過ごす生活をしていた。定宿はフリードリッヒ通りとウンター・デン・リンデンが交差するところにあった。ウンター・デン・リンデンは西洋菩提樹（ぼだいじゅ）の並木道で、ベルリンを代表する大通りである。この街は東京と同様に第二次世界大戦で大きなダメージを受けたが、東京と異なり建物の多くが修復され戦前の姿に再現されている。二十世紀はじめに描かれた絵で現在とは大差ないウンター・デン・リンデンの姿を見ることができる。

一九二九年から一九三一年の三年間、二十代なかばであった私の祖父は研究者としてベルリンに留学した。[*1] 大恐慌が起こったのが一九二九年であり、ナチス党が政権を取ったのが一九三三年である。ちょうどその時期に祖父はドイツで過ごした。ドイツでの生活を楽しみ、そしてウンター・デン・リンデンがいたく気に入ったのだろう、彼は菩提樹の苗を日本に持ち帰った。現在もその樹は祖父が眠る京都真如堂（しんにょどう）で元気な姿を見せている。

祖父はベルリンの風景を見て何を感じたのだろうか？　仕事の合間にベルリンの街をよく一人で散歩した。パリ広場からブランデンブルク門を眺めると門の先にウンター・デン・リンデンが見える。ナポレオンも見ただろうこの風景は、私の気持ちを高ぶらせた。祖父もこの風景を見て同じような気持ちになったのではないか。その瞬間に私の心は祖父の心につながったように感じた。

私の人生を導いたのは「心で心を想う」ことであった。メディアを通して知った、難病を患った少女の心。亡くなった家族の心。目の前にいる近しい人の心。人の心はどんなときもありのままに知ることはできない。「心で心を想う」のは仮想だ。

いつ頃からだろうか、機械になぞらえたのでは説明できない「命・健康・愛・美」への想いが心にあふれはじめた。それを科学の言葉で表現したいと思った。

生命には自発性がある。どのようにして、自発性から個性が生まれ、美しい自然や社会が創造されるのだろうか？

心はどのように生成するのか？

歓びや憂いは計算処理では生まれない

寝ているときも、ゆっくりと寛いでいるときも脳は自発的に活動している。計算機が入力によってしか計算をはじめないのとは大きな違いだ。

脳の活動は脳波として計測できる。[*2] 休息中や睡眠中にはアルファ波やデルタ波などの振動が生じ、覚醒しているときにはガンマ波が脳内の神経活動を同期させている。

脳波というリズムは神経活動の自己組織化で生じる。

脳の自発的な神経活動によって顔や視線はランダムに動き、机の上に赤いリンゴがあるのに気付く。机に近づき、リンゴを手で掴むから触感が得られる。顔を近づけるから香りに気付き、かぶりつくから味覚が得られる。

脳自身が持っている自発的な神経活動と、五感からの刺激によって誘導された神経活動が同期することで、意識という持続した神経活動が生じる。

人間の歓びや憂いは、脳の様々な部位の自発的な神経活動の同期と非同期によって生じる。

一日の仕事を終え、満員電車を乗り継ぎ自宅の最寄り駅で降りてバスを待つ時間、駅前の風景や喧噪、空気の香りや肌ざわりがひとつの統一した感覚として捉えられる。このとき私は歓びを感じる。

身体の不調や解決できない問題を抱えていると、感覚は問題のある部分に集中し五感は統合されない。こんなとき、満員電車やバスを待つ時間は苦痛であり、あらゆる感覚から逃避したい気持ちになる。感覚はまとまりとして受け止められるときと、部分に切り分けられて迫ってくるときでは異なる意味がある。

これまで神経科学者は、**「五感からの入力刺激で脳は動き出し、計算処理で情報を分類することで、世界を表現し判断や予測等の出力を行う」というモデルを提案してきた。しかし、このモデルでは歓びや憂いは説明できない。**

特権的な位置から世界を説明するというやり方を離れ、当事者として脳とは何かを考えると、そこにあるのは発生と発達と同じ自発性である。目的もなく出かけるから知らない相手に巡り合い、心で心を想うから愛や信頼が生まれる。

脳は世界を表現するために進化したのではなく、生物と自然の新たな『協創』として自己組織化された。

心によってつくられる脳

人間は相手の行動や表情から心を推察し、自分の行動が相手からどのように思われるかを想像する。

子供はどのようにして人の心を自分の心のなかで想えるようになるのだろうか。

小児科医の故小西行郎（元同志社大学赤ちゃん学研究センター教授兼センター長）は、脳を育てるという操作的な現代の育児に強い危機感を抱き、「発達とは乳幼児が自ら行動することで世界の意味を発見し、経験を重ねて自分の身体機能と自意識を造り込んでいくことだ」と論じた。[*3]

鼠は首を天井に向け、そしてゆっくりと目を閉じる。そしてスイッチを切るように頭の中から全ての灯りを消しさり、新しい闇の中に心を埋めた。[*4]

村上春樹は眠りに落ちる瞬間をこのように表現した。それは、柔らかく温かいクッションのなかに沈み込むような感覚である。夢を見ているのでもなく、目覚めているのでもない、脳のなかの灯りがほとんど消えた状態だ。自己意識が十分に発達していない胎児や新生児は、このようなまどろみのなかにあるのではないだろうか？　このとき自分の身体の動きが、自分の身体で起こっていることとは自覚されない。

手足は、無意識に動かされ偶然何かに触れる。そのとき、触覚をとおして胎児や新生児は身体に変化があったことに気付く。手足が自分自身の身体を触れるのと、自分以外の何かに触れるのでは大きな違いがある。自分の手が自分の顔に触れると、顔と手の二か所から同時に触覚の情報が脳に伝わる。自分以外の何かに触れたときはこのような同時性は生じない。

自分で自分の身体を触るという同期をとおし、心は身体の一体感と自他の区別を発見し、「身体的な自己意識」が生み出される。計算機のような情報処理では自己意識は生まれない。


まどろみのなかにある新生児は、自分の感情の在り方についても明確な自覚はないが、身体状態と関連した情動は表情や声、身振りとなって無意識で現れる。親がそれを模倣すると、自分の手が顔に触れたときと同じように、自分の表情が親をとおして鏡のように心に返ってくる。親との関係のなかで子供は自分の情動の意味を発見する。これが「社会的な自己意識」の芽生えである。[*5]

親子が一体となって過ごす時期が終わり、子供の心のなかに動きたいという衝動が芽生えてくると、親がいつも自分に随伴しているのではないことに気付き、自己とは異なる他者として親を捉えるようになる。

親はただ子供のしぐさを模倣するだけではない。子供が苦しんでいたら、その感情を自分の表情に写し、さらに「まもなくこの問題は解決されるよ」という親の励ましの気持ちも同時に伝える。そのことで子供は心と心のやり取りを直観的に発見し、「社会的な自己意識」を深める。[*5]

内なる衝動から動きはじめた子供は、自分の行為の意味を環境が提供する機会として把握する。例えばハイハイによって動くとき、固い平地からは前進、壁からは進行の停止という機会を与えられる。手で握れるような物体からは摑んだり、投げたりする機会が与えられ、小さなものからは口に入れる機会が与えられる。

子供は動きたいという衝動が環境によって制約されていることを直観的に知る。この制約に沿って行為を選択することで「合理的な自己意識」が生まれる。[*5]

九か月の子供はすでに合理的な認識を持っている。例えば障害物もないのに突然方向転換する人の動画を見せると驚きの表情を表すからだ。[*5] この時期の子供は、人間が環境の提供する機会以外の理由で行為を選択するということは想像できない。

身体的、社会的、合理的な自己意識は計算処理では生じない。意識とは自発性と相手あるいは世界との『協創』によって創出される直観的な体験である。人は意識をとおして自己を確立し、相手が固有な心に基づいて行為を選択していることを知るようになる。さらに自分とは異なる相手に自分の心を伝えるために言葉を使うようになる。これが心で心を想うことの萌芽である。

乳幼児は、動きたいという衝動とは別に視界にある生き物の動きや顔に視線を向ける働きがあり、それが発展して人と同じものに視線を合わせたいという衝動が生じる。相手が見ている方向に視線を向け、自分の興味のあるものを指さし、相手が視線を合わせることを求める。このとき子供は相手の表情を見ている。

子供が子猫を指さして笑ったとき、相手が同じように笑ったなら相手との共感が生まれる。これに対して、自分の大事なおもちゃに相手があまり興味を示さなければ、相手は自分とは異なる受け止め方をするのだということを直観的に知る。相手の視線に目をやることで、相手が何に関心を持っているかを想像することにつながる。これは『協創』の基本原理である同期・非同期の意味を知ることである。

新生児は「ニューロンの自己組織化」で発生した脳から「神経活動の自己組織化」によって心を創出し、心を働かせることで脳を発達させていく。

危険な欠乏した愛

叶わない希望や人から理解されないという気持ちが積み重なることは心的ストレスと呼ばれ、

しばしば炎に焼かれる痛みとして表現される。解決不能な問題に対する心の葛藤も「ストレス性の炎症」を引き起こし、鬱を発症させ、睡眠障害、食欲不振、罪の意識、自殺願望などを生じさせる。鬱による精神状態の変化は重篤な感染症を患ったときと似ている。炎症が脳の機能に影響を及ぼすからだ。[*6][*7]

社会的な生き物である人間はどうして相手にも自分にもストレスを与えるのだろうか？

米国で一九二〇年前後に生まれた社会的に恵まれたハーバード大学の卒業生、一九三〇年頃に生まれたスラム地区の男性、そして一九一〇年頃に生まれた知能指数の高い中産階級の女性の三つの集団が六十年から八十年にわたって追跡された。[*8]

この研究から得られたのは、健康に人生を全うするのに必要なのは知的才能や両親の社会的地位ではなく、「人生を満たされたものにする力である」という結論であった。この能力と相関したのは、子供時代の環境を肯定的に捉えたかどうかという指標である。

被験者が五十三歳になったときの調査では、愛情に欠けた子供時代を過ごしたと思っていた二十三人のうち三分の一以上が、高血圧、糖尿病、心臓病などの慢性疾患にかかり、四人がすでに死亡していた。一方、温かく愛情深い子供時代を過ごしたと思っている二十三人では慢性疾患に罹患した人は二人だけであり、死亡した人もいなかった。

この調査を行ったヴェイラントは、「子供時代に十分に愛情を受けていないと感じている人では、心的ストレスに上手く対応できず自分を孤独だと思いやすく、そのことで病気を患う危険性が高まるのだ」と結論づけた。同様の結果は最近の調査からも報告されている。[*9]

もちろん、すべてのストレスがこの考え方で説明できるわけではないが、この研究結果は親子関係の重要性を再認識させてくれるものだ。

人生最初の何年かの間に親や近しい人と信頼関係を築ければ、人は未来を信じ、現在の試練を克服できるようになる。

子育ての苦しみを生み出した日本

国内では子育てに孤独や不安を感じ、子供を愛せない母親が増加している。[*10] 児童相談所での児童虐待相談対応件数は過去二十五年連続して増加を示した。[*11] 二〇一五年からの二年間の調査では出産から一年未満で自殺する女性は九十二人にもなる。[*12] 子供が生まれたことで苦しむ人が増えている。その原因として、母親に対する厳しいプレッシャーが日本社会にあることが指摘されている。

ロシア人のフセワロード・オフチンニコフによって執筆された『一枝の桜　日本人とはなにか』という一九七〇年代にベストセラーになった著書がある。[*13] 彼は一九六二年から六八年まで「プラウダ」の東京特派員として日本に滞在した。

この著書のなかで彼は日本の子供がほとんど泣かないことを指摘している。その理由として、赤ん坊は生後二年の間いつでも母親に背負われ、夜は母親の傍らで眠り、歩きはじめてもいつも母親、祖母、姉から見守られ、衝動的な行動を制限されることもないからだと指摘した。ロシア人の常識からすると目を疑うほど日本の子供は甘やかされていた。

母親に対する厳しい圧力は、このような過去の子育て習慣に由来しているのかもしれない。しかし核家族化の進んだ現代社会で、昼夜を問わずに子供を見守るのは不可能である。

日本の子供が小学校に入る頃から規律を守るようになるのは、親から「行儀よくしないと人から嘲笑され、侮辱され、仲間はずれにされるよ」と脅されるからで、このような育て方から、日本人は社会において道徳的に自分自身を厳しく律する一方で、近しい人の欲望に対して寛容な態度をとるという二面性を持つようになるのだとオフチンニコフは説く。

オフチンニコフは、幼少の子供の傍若無人な振る舞いに日本社会が寛容であることも論じているが、今では公共交通機関で子供が騒ぐと母親は乗客から厳しい視線にさらされる。子育ては親だけではなく社会全体で行うことだ。

日本社会は新しい時代に合った子育ての姿を描けず、母親は孤独に自分自身の子育ての方法を手探りで探さなければならない。

ヘールト・ホフステードらは七十六か国で調査した価値観のデータに基づき『多文化世界』という本を出版した。[*14]このなかで「自己主張や競争心の強さ」対「謙虚さや配慮」という二つの指標で各国の傾向を分析している。目を引くのは、日本が世界第二位の「自己主張や競争心の強い社会」であるという調査結果である。北欧の国々が「謙虚さや配慮」を重視する傾向を示しているのとは対照的だ。それ以上に「和を以て貴しとなす」という価値を大事にしてきた日本人像とこの解析結果はかけ離れているように見える。

バソプレッシンとオキシトシンという二種類の神経伝達物質の強弱が、様々な動物で「闘争と競争」か「思いやりと絆」かの選択に影響を与えるという仮説がある。[*15]動物実験からバソプレッシンは競争を、オキシトシンは協調を生み出すという傾向が観察されているからだ。このことは「自己主張や競争心」対「謙虚さや配慮」の傾向が生来的に制約され得る可能性を示唆している。

日本人は生来的に「自己主張や競争心が強い」傾向があり、このような人間からなる社会で秩序を生み出すために、日本人は「自己を律して相手の立場に配慮する道徳」や「和を大事にする文化」、さらには独特の子育て習慣を生み出したのかもしれない。

しかし、このようなメカニズムを用いた説明は、問題の解決に役立たない。日本人が生物学的に均一なわけではなくホフステードの分析に当てはまらない日本人は多くいるだろうし、多数の外国人家族が日本に住んでいることを考えると、何かのモデルをただ道具的に現実の問題に当てはめても問題は解決できない。

日本全体で共有できる子育ては、どのように考えたらよいのだろうか？

宇多田ヒカルが抗った「普遍ロマンチシズム」

宇多田ヒカルとＫＯＨＨが共同制作した「忘却」という悲しい楽曲がある。いないことが天国であるとともに地獄であるような、忘れたいが忘れられないような好きな人のことが歌われている。歌詞には明示されていないが、親のことを指している。

心臓の拍動のようなリズムに伴って演奏される長いイントロは母の胎内にいる安心感と、人生がそのなかに閉じ込められているかのような閉塞感を伝えてくる。これと呼応するように、「忘れたいのに忘れられない」のが三歳までの記憶であることが歌われる。

明るい場所へ続く道が
明るいとは限らないんだ
出口はどこだ　入り口ばっか
深い森を走った

明るい場所とは先取りされた未来であり、親の望む子供の人生である。その未来を実現するために、「足がちぎれても、義足でも、どこまでも、走れ」と求められてきた。明るい未来に向けた時間は深い森のなかを一人で走るかのようだ。

人生が親によって計画され支配されたものであるなら、出口はない。誰かによって計画された人生は最低である。

若いときに才能を開花させるには幼少期からの教育が必要である。親が子供の成功を願って英才教育を行うのならまだ救いがある。しかし親が望んで果たせなかった夢を子供に託したのなら、子は親の道具に成り果ててしまう。

親が自分の描いたように子供を振る舞わせるために、あなたの「その態度」がいやなのと言って叱責し、それを「あなたのため」という言葉で正当化する。このようなコミュニケーションは論理的に矛盾しているのに、子供は反論できず、心が壊れていく。[*16]
親による拒絶が子供のためであるはずがなく、どんな理由があっても子供への拒絶が正当化されることはない。

親が子の行為を操作し支配したならば、子は問題が生じたら相手に対して同じような行動を取るようになるだろう。それでは、自分と異なる考えや信念を持った人間とは『協創』できず、生涯にわたりストレスを蓄積させてしまう。
吉本隆明（よしもとたかあき）は人間を堕落させてしまう原因に、他者を大義や理念のための道具として利用してしまう「技術主義」があると考えた。[*17] この大義を吉本隆明は「普遍ロマンチシズム」と呼び、この「普遍ロマンチシズム」の虚偽に気付くことを人間の「自立」と考えた。[*18]

もし子供に公共心を身に付けてもらうのが目的なら、まず子供の自由な振る舞いを認めなければならない。**自分が自由に振る舞うことがかけがえのない歓びだと知るから、相手の自由な振る舞いを尊重し、それを制限する自分の振る舞いを自制するのだ。**こうして互いに相手の心を想うことで信頼関係が生まれる。

小児科医のドナルド・ウィニコットは、子供の発達において両親から与えられる安全基地の重要性を提唱した。[*19] 安全基地は子供に逆境でも挑戦できる勇気と、困難を自己変革によって克服する能力を賦与する。

子育てとは子供の心を自分の心で想い、自分とは異なる子供を受け入れ愛することだ。このような愛を育むには親も子も生きる歓びを体験しなければならない。生きる歓びは、生きている瞬間そのものを愛せるときに生じるものだ。

これまでの人生のなかで最も幸せな瞬間はいつかと聞かれたら、私は迷わず息子が生まれたときだと答える。それは理屈抜きで勇気や歓びを感じさせてくれる新しい命との奇跡の出会いであったからだ。

息子が六歳になった夏、公園の高い木を舞うアオスジアゲハを二人で追った忘れられない想い出がある。炎天下で小一時間、時がたつのも忘れて蝶を追いかけたが捕まえることはできなかった。しかし、それは二人にとっては満ち足りた時間であったと感じた。お互いの期待と落胆が共鳴したからだ。それはお互いの人生を愛することであった。

目を澄まして子供を見ればいつも新しい発見がある。見たいものを見るのではなく、見えないものを見ようとすると一度限りの子供の成長という歓びに気付く。この至高性が過酷で孤独な子育てを癒し、無償の内在性を生み出す。

人生は相手の心を心で想うことで生成する。だから、彩りのある社会は操作や支配からは生まれない。

計算機になぞらえた内面世界

AIを考案した先人

レイ・カーツワイルは二〇四五年にＡＩが人の知能を上回ると予言した。[*20] このときＡＩは様々な問題を自力で解決するだけではなく、ＡＩ自身が新しいＡＩを設計し、「問題を解決する力」を高めるようになる。このようなＡＩが誕生すると、もはや人間にはＡＩがどのように問題を解決しているのかは理解できなくなり、人間は発明を行うことはなくなるとカーツワイルは予言した。

人間が判断や予測で用いる論理を数学的記号によって表現したのが十九世紀に活躍したジョージ・ブールである。ここから人間の思考が「計算」で模倣できるという考えが生まれた。[*21]

計算を機械的な手順に置き換えた指示書をアルゴリズムという。アラン・チューリングは一九三六年にアルゴリズムを表現するための仮想的なモデルとして「チューリング・マシン」を提案した。彼は「計算」とは「ある状態が外部からの入力によって別の状態に変化すること」であり、あらゆる論理計算が「チューリング・マシン」によってアルゴリズムに置き換えられることを示した。[*22]

同じ頃、クロード・シャノンは、ブールの提唱した論理演算やチューリング・マシンが「リレー回路」という電気回路によって実現できることを説き、その後、ジョン・フォン・ノイマンは真空管からなる電気回路を使って実際にコンピュータを開発した。彼の考えた方法は現在のコンピュータのほとんどすべてに採用されている。このようにして人間の思考を機械に代替させるコンピュータの考え方が誕生した。[*21]

その後、ウォーレン・マッカロックとウォルター・ピッツは、「形式ニューロン」によってモデル化された大脳の神経回路が万能チューリング・マシンと同等の機能を果たせることを証明した。[*23]

数学、コンピュータ科学、神経科学という異分野が融合することで、人間の脳がコンピュータのようなものだという考え方が生み出された。

機械になぞらえた神経科学

神経科学者は、脳が視覚・聴覚・触覚・記憶・言語など異なる機能を持った領域（部品）から構成され、それが電気回路のようにつながっていると考えてきた。神経科学が明らかにしたいのは、人間が脳を働かせているときに、領域と領域がどのようなメカニズムで連携しているのかということである。これに対して、ジェルジ・ブザーキは、脳の本質に目を向けずに機械や計算機の比喩でモデル化することは、誤った解釈を導くと警告する。[*24]

ジャン・ピアジェは「赤ちゃんがモノに手を伸ばして摑む行為の発達を、手の動きをつぶさに見ることで脳に論理図式（スキーマ）を構築していく過程」と説いたが、[*25]小西行郎は「赤ちゃんとはランダムな自発運動からたまたま何かを摑み、その体験全体を直観的に記憶して次に欲しいものを取るときに使うようになるものだ」と考えた。[*25]

コンピュータが記号を用いて実世界をサイバー空間で表現するように、神経科学では脳には外部世界を内面世界に表現する役割があると考える。しかし、脳は進化のなかで、なぜそんなことを目指さなければならなかったのだろうか？

動物が自然と『協創』するなかで脳は発達し、人間が自然や他の人間と『協創』するなかで人間の脳は今の特徴を持つようになった。機械の比喩で見逃されるのは、生物が自己組織化で生じ、同期と非同期を選択することで複雑な時空間パターンを創出してきたという事実だ。

「見たいものを見る」という現代社会の構図を離れ、自然の原理から考えると、何かを見たり、握ったりするのには、まずそこに近づかなければならないことに気付く。何かに近づくには、自発的な無償の行動が必要になる。

赤いリンゴを「見る」から「脳の神経活動」が生じるのではなく、「自発的な神経活動」によって赤いリンゴが「発見される」のだ。赤いリンゴが発見されてはじめて、赤いリンゴを求められるようになる。

ここから**人間の思考には、「まず直観的に感じ、次に論理的に考える」という思考の順番が**

存在することが見えてくる。

金閣寺はどう美しいのか

私は京都の衣笠山の麓にある中学と高校に通った。放課後、クラブ活動で金閣寺の近くまでよくランニングをした。

高校一年生の夏休みに、三島由紀夫の「金閣寺」を読んだ。このなかで語られている美には妖しい魅力があり、この感覚はその夏に現実の金閣寺を観たときに蘇ってきた。それ以来、私は美とは何かを考えるようになった。

「金閣寺」の主人公は京都の日本海側にある小さな寺で育ち、住職である父から金閣寺の美しさを繰り返し聞かされ、心のなかに金閣の美への想いを膨らませていった。その後、主人公はこの憧れの金閣寺で老師の世話役として働くことになった。しかしはじめて現実の金閣を目にしたときに生じたのは「美というものは、こんなに美しくないものなのだろうか」という気持ちであった。

金閣が空襲で自分といっしょに灰になると考えたとき、幻想の金閣が生み出され、日常生活と金閣に美しさが現れた。[*26]

それは私をかこむ世界の隅々までも埋め、この世界の寸法をきっちりと充たすものになった。巨大な音楽のように世界を充たし、その音楽だけでもって、世界の意味を充足するものになった。時にはあれほど私を疎外し、私の外に屹立（きつりつ）しているように思われた金閣が、今完全に私を包み、その構造の内部に私の位置を許していた。

ここで描かれている美は計算されたものだ。

対照的に、フリードリヒ・シラーは受容することから美を説いた。美とは対象の自立性あるいは自由から生まれるものであり、「時間を時間のなかで廃棄し、生成を絶対的な存在と協定させ、変化を同一性と協定させようとする衝動から生じる」と述べた。[*27] この考察は自己組織化で生まれた自発的なリズムが、同期と非同期を選択することで時空間パターンを生み出す『協創』とよく似ている。

美には対象に自分の考えた形式を組み込むという姿と、自然から自分に向かって来るものを感じ取り受容するという姿がある。

人はなぜ分かり合えないのか

すれ違いが生じる原因

誰かの反則行為を見たとき、「考えること」を優先する人はそれを糾弾されるべき誤った行為であって、それ以上でもそれ以下でもないと判断するが、「感じること」を優先する人は反則に至る心的状態を考慮して反則の意味を自分なりに受け止めようとする。この場合、反則が不問に付される場合もある。

「仕事が忙しくて寝不足なんだ」と相手に話しかけたとき、「寝不足だと身体が重く感じて辛いよね」という相手の心を労わる内在的な言葉を返す人と、「上司に言って仕事を減らしてもらったら」と道具的に答える人がいる。どちらも相手に対する思いやりから出た言葉だが、しばしば人が分かり合えない理由となる。

なぜ思考の様式に、考えることを基点とする場合と、感じることを基点とする場合があるのだろうか？

論理的な説明と直観的な受容のどちらに重きを置くかという差異は、視覚の違いから生じる。[*28] 机の上に無造作に置かれたリンゴを知覚するとき、私はまず一つのまとまりとしてリンゴを捉える。そのあと、リンゴ表面の模様や傷という部分の特徴に目が行く。しかし最初にリンゴを捉えたときも、目には表面の模様や傷の情報が入ってきているはずだ。このような詳細な情報は最初自動的に切り捨てられる。

もしなんらかの理由でこの篩（ふる）いが行われないと、人は視覚情報の洪水に溺れてしまう。人の顔から表情を読み取るのに、睫毛や眉毛の詳細な情報は必要ない。逆に顔からあまりにもたくさんの情報が得られると、一つのまとまりとして表情を把握できなくなり、相手の心を受容するのが難しくなる。

情報の洪水にさらされると、人は対象を一つのまとまった「全体」として受容する代わりに、「部分」に焦点をあて、自然科学のように「部分」から「全体」の状態を説明しようとする。それは森の前に立ったときに、森全体ではなく個々の木を見ることを意味する。しかし分割された「部分」から出発したのでは、「全体」の状態は正確に捉えられない。

触覚が過敏だと服のチクチクした感触、濡れたシャツが身体に張り付く感触が耐え難く感じ、抱っこされても、自分で自分の身体を触っても、幸せな身体の統一感は得られない。触覚は自他の区別を担っているので、触覚の障害は自己意識の形成に影響を与える。[*29] それは決して心地よいものではない。

さよなら、ダーウィン

アメリカ精神医学会の診断基準によると、自閉症スペクトラム障害（ＡＳＤ）は「社会的コミュニケーションと社会的相互作用における持続的な欠損」ならびに「行動、興味、活動の限局的かつ反復的なパターン」という特徴を持った神経障害であるとされている。これは医師や教師という特権的な視点からＡＳＤを説明したもので、当事者の問題解決には役に立たない。

「心の理論」という計算機になぞらえた自閉症の解釈がある。相手の心が読めないのは心を読むためのアルゴリズムを実行する脳のモジュールが欠損しているからだとこの理論は説く。しかし自閉症児にこのアルゴリズムを教えると「心の理論」を検証するテストはできるようになるが、日常生活での社会性は改善されない。[*28] 相手の心を読むというのは計算ではないからだ。

綾屋紗月と熊谷晋一郎は、当事者の視点に立てばＡＳＤ問題は「心の理論」にあるのではなく、感覚や運動という直観的・身体的なものにあることを指摘した。[*30] 綾屋紗月は自閉症スペクトラム障害の一つであるアスペルガー症候群の当事者であり、熊谷晋一郎は脳性まひの小児科医である。

感覚過敏や鈍麻、感覚統合の難しさなどの知覚症状、身体の不調に多くのASDの当事者が悩まされている。これが、コミュニケーションの困難や、パターンの繰り返しを誘導する原因になる。

二人は「自閉」を次のように表現した。

身体内外からの情報を絞り込み、意味や行動にまとめあげるのがゆっくりな状態。また、一度できた意味や行動のまとめあげパターンも容易にほどけやすい。

感覚や行動をまとめあげるというのは、人という個体の内外にある様々なシステムが同期することである。綾屋紗月は自分が身体の内外からの感覚情報をすばやく絞り込むことができないために、それを意味や行動にまとめあげるのに時間がかかり、あふれるような感覚に苦しめられている。[*30]

おなかがすいても、風邪や疲れに近い感覚が現れるだけで、ひとまとまりの「空腹感」を構成できない。同じように満腹感や体温の変化も上手く構成できない。感覚情報の絞り込みができないと、日常的な買い物でも簡単に決断ができない。[*30]

小児科医の三池輝久は、リズムあるいはリズムの同期障害を原因とする体内時計の不調からＡＳＤが生じるという仮説を提唱している。[*31]

ＡＳＤは「心の理論」という論理図式が欠損しているのではなく、心と身体の『協創』の在り方が違っていることで生じるのだ。

綾屋紗月は、人の支援によって身体の緊張が解けてうれしい気持ちになる経験や、手話を学ぶことで相手の気持ちを感じ取れるようになった歓びを語っている。[*30]

特権的な立場から、人間を正常か異常かに分けることは誤謬である。私たちが行うべきは相手の困りごとを当事者の視点に立って想像することである。

機械になぞらえた医療では心身の状態を健常と異常に分けることが診断であり、異常を健常になるように操作することが治療や予防の目標になる。この認識の枠組みでは、難病に対しては手の施しようがなくなってしまう。

当事者視点から人間の心身の健康を考えると障害や難病を持って生まれてきた人への認識は

大きく変わる。彼ら彼女らは劣っているのでも、異常なのでもない。かけがえのない独自のスタイルによって、他の人間と同じように世界と『協創』している。

苦しみのなかで微笑む強さは、多くの人の心を動かし続け、世界に『協創』を広げる。筋萎縮性側索硬化症（ＡＬＳ）と五十年以上付き合い、研究を続けたスティーヴン・ホーキングはそれを実証した。

相手とのコミュニケーションができないような重度の障害者であっても、心と身体のなかには『協創』がある。その姿を発見することが介護することの意味である。

多様な生物が世界と調和しているのは自然淘汰によって不要な生物が排除されてきたからではない。あらゆる生物が独自のスタイルに基づいて世界と自律的に『協創』しているからだ。自分と異なる相手と共に生きる社会を人間がつくれないはずがない。

もうこれ以上、弱肉強食の進化論と機械になぞらえた生命像によって人間が傷つく必要はない。さようなら、ダーウィン。私はダーウィンをとおして生命を理解してきた過去の自分と別れる。

人間の本質に迫る生命科学

エルンスト・ゴンブリッチは、その著書『美術の物語』のなかで、「絵に描かれた人物の表情は好き嫌いの原因となることが少なくなく、見える通りに正確に描く技術や、描かれた内容が伝統や習慣に則しているかどうかでしばしば作品が評価されるが、芸術家は美感や感情を色と形のバランスによって表現している。」と論じた。[*32]

ラファエロの「草原の聖母」は、母親の表情が印象に残る美しい絵であるが、彼が心を砕いたのは表情の表現ではなく、人物間のバランスが取れた配置であった（図3）。表情を描くことは、彼にとっては容易であったのだ。[*32]

美術の歴史は、人間の思考が「考えること」と「感じること」の重ね合わせであることを教えてくれる。

思考を「考えること」からはじめる人と、「感じること」からはじめる人がいることを述べた。機械にあふれ、メカニズムの科学に支配された現代社会では、期せずして多くの人は「考えること」から思考が求められる。しかし、どちらの立場を取ったとしても、何かになぞらえ

図3　表情と配置の重ね合わせが作品を創出する

B

A：ラファエロ「草原の聖母」(＊33)
B：ラファエロ「草原の聖母のための4つの習作」(＊34)

て思考している限り、科学ではない。科学者は、自然、生命、人間の本質から思考しなければならない。科学とは、自然の普遍的な法則を使って思考することである。

人間ひいてはすべての生物は非線形、非平衡の動的なオープンシステムであり、機械のようなクローズドシステムではなく、生物にしかない特別な力を持っているわけでもない。

オープンシステムは自己組織化によって自発的にパターンを生み出す。このとき、まずリズムを刻む振動子が生まれ、振動子と振動子が同期したり、あるいは反発して非同期したりすることで複雑な時空パターンが生まれる。

自己組織化や非線形振動子の同期は物理や化学の普遍法則である。そして重要なことは、**普遍法則によって明らかになったオープンシステムの性質が、メカニズムによって捨象されてきた、直観をとおして感じ、発見をとおして学ぶことを説明できることだ。**

Becomingの科学

個性は在る（Being）のではなく、成る（Becoming）のだ。状態の推移によって成るが可視化できるということを第四章で論じた。状態が変化するのは、自然や人間から届けられるシグナルを受け入れ新たな自己を創出するからだ（図４A）。

メカニズムの生命科学は、「部品の機能」によって「機械の性能」を説明するように、細胞や分子などの「要素の機能」を明らかにし、要素と要素の因果関係から「個体の性質」を説明する（図４B）。これは、時間を止めたときに成り立つ真実である。しかし、人生は止められない。

健康な青年時代（状態１）を過ごしていた人が、大人になりストレスや生活習慣の乱れから病気（状態２）になったとする（図４A）。

メカニズムの生命科学は、病人から異常を見つけ、その異常がどのように病気の症状を生み出すのかを説明する（図４B）。これは、病気が生じてからの「後付けの表現」である。

これに対して、オープンシステムサイエンスは「個体を構成する要素がそれぞれリズムを自発的に生成し、外部からの制約で要素と要素が同期・非同期を切り替えることで変化する（図４C）」という前提から、身体で生じる様々なリズムとその同期を計測する。このとき測られるのは、心拍数、心電図、脳波、自律神経、体動、睡眠リズム、血中の分子マーカーなどの経時変化である。

得られたデータのスペクトル解析を行うと、身体を構成している細胞、組織、臓器などが調和して同期しているのか、それとも同期が崩れて病気に向かっているのかを予測できる。例えば、不規則な生活やストレスから内分泌系と神経系のリズムに変調をきたすと、それを調整するために免疫系が活動をはじめ、炎症を起こす（図4Cグラフ）。このような状態でウイルスに感染すると、健康な状態で感染するのとは異なる症状が現れる。

「健康」とは、人と人、人と自然、心と身体、身体を構成するシステムが同期していることだ。この同期は目に見えないが、データをとおして可視化することができる。それが新しい生命科学の役割である。

人間は自分の心の状態を相手の心の状態と同期させることで、相手の心を想像している。同じようにリズムは見えないが感じ取ることができる。メカニズムの生命科学が「考える」様式から自然を表現してきたのに対して、新しい生命科学は「感じる」様式から自然を表現する。

新しい生命科学の在り方

開かれた弱い関係があると一つの遺伝子にコードされたタンパク質は異なる細胞で異なる役

図4　「成る（Becoming）」の科学としての
オープンシステムサイエンス

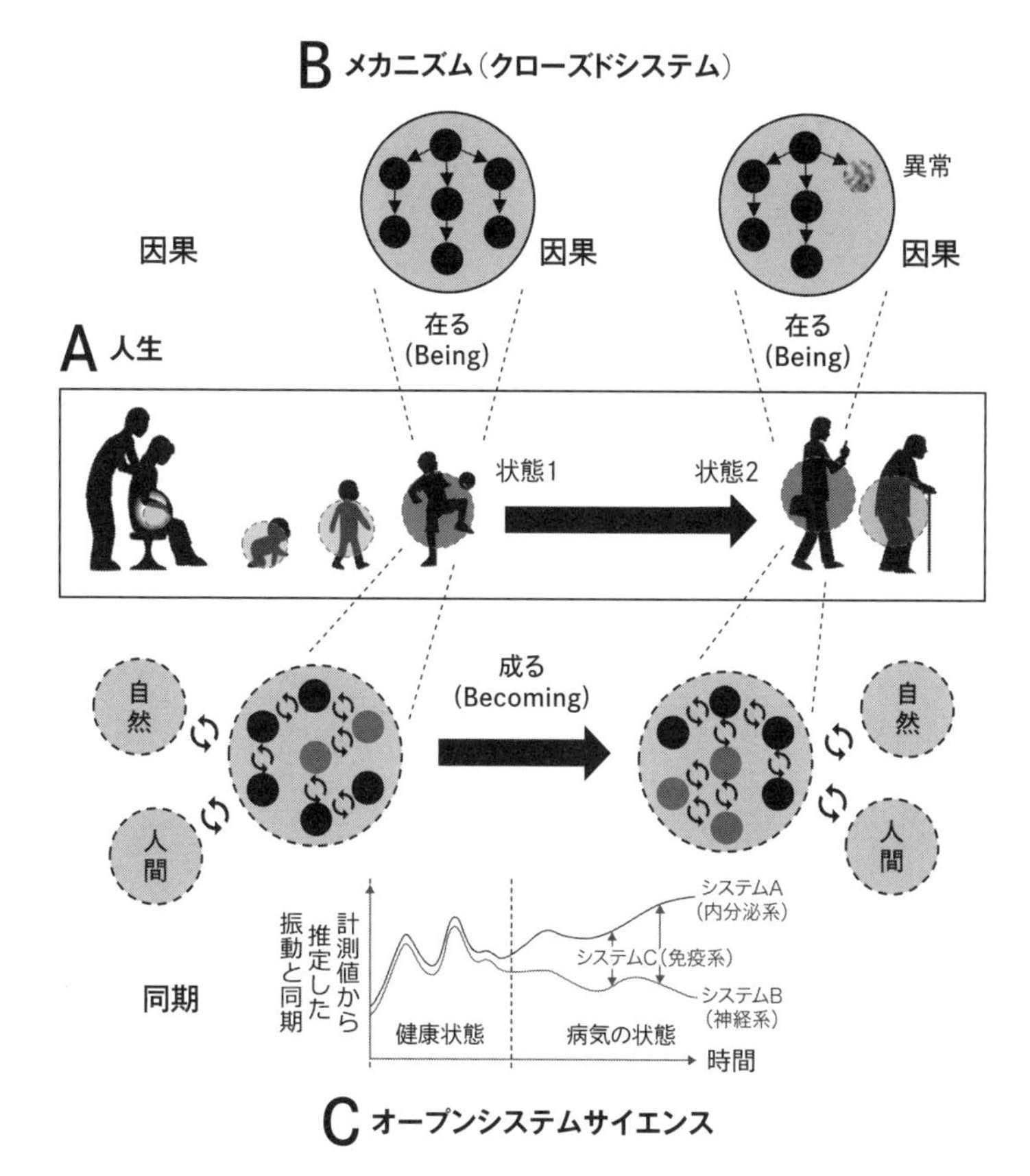

「成る」とは、ある状態（状態1）から別の状態（状態2）への推移で表現される。メカニズムの生命科学では、病気の状態（状態2）が健康状態と比較して因果関係から説明される。これに対して、オープンシステムサイエンスでは、健康状態からなぜ病気状態になるのかをシステムの構成要素間の同期・非同期や要素の状態変化によって説明する。因果関係は→で、同期は⟲で示した。●●は個体を構成要素する細胞、組織、臓器、サブシステムを示す。

割を担うことが可能となり、遺伝子の種類を増やさなくても生物に新たな性質を創出することができる。このような内なる変化の仕組みが進化を促進してきたとカーシュナーとゲルハルトは提案した。[*35]

開かれた弱い関係は、生物の内部に生じる予想外の変化に対しても個体を破壊的な変化から守ってくれる。

ライン組織の場合、事前に人間の役割が決められているので、一人の人間が欠けることで組織全体が破綻することがある。これに対して、弱い連携で自由に結び付けられたチームの場合、一人の人間が欠けても、組織が破綻することはない。

同じように生物では一部の遺伝子に変異が入り機能が変化しても、生物全体の性質が変わるのを防いできた。進化のなかで生じた遺伝子の変化の多くは、システム全体として吸収され問題を顕在化させなかった。

進化のなかで多様な生物が生み出されてきたのは、生物に「非線形」という特徴があるからだ。

ダーウィンは食糧が不足している状況を前提に、生物が食糧を取り合う闘争を行わなければならないと論じたが、**自然はダーウィンが考えたのとは異なり、はるかに豊かであり、過剰で**

行い滅んでいく。

ある。多くの生物が『協創』しているからだ。『協創』できない生物は際限のない自己増殖を

『協創』は、生命の誕生する前から自然を貫く共通の原理であった。まず、非平衡の動的な条件で有機分子が集まり制約され非線形の相互作用が生じ、自己触媒や自己複製などの自律性を持ったタンパク質、RNA、DNAが生成した。[*36] さらにこのような分子群が集まり制約されたとき、同期と非同期の選択によって「タンパク質は触媒を担い、DNAは情報の複製を担う」という機能分担が形成された。[*37]

菌類や動物の祖先は「酸素を利用する真正細菌（しんせいさいきん）」と「原始真核生物」の細胞内共生で生じ、植物の祖先は「光を利用する真正細菌」と「原始真核生物」の細胞内共生で生まれた。多細胞生物は細胞と細胞の共生である。この共生を遺伝情報が制約することで、前後、背腹、左右という共通のパターンを持った複雑で多様な動物が誕生した。共生とは『協創』の一つの姿である。

自己組織化によって進化を論じたスチュアート・カウフマンは、その著書のなかで進化においては自然淘汰説も重要だが、自己組織化がより本質的な役割を担っていると論じた。[*38] この説

明は誤解を生みかねない。
機械になぞらえれば弱肉強食の自然淘汰が現れ、オープンシステムサイエンスの図式では自己組織化と『協創』が現れる。自然淘汰で進化を説明するなら自己組織化は不要であり、自己組織化で進化を説明するなら自然淘汰は不要である。自然淘汰と自己組織化は進化を認識するときの立場が異なるのだ。

新しい生命科学に自然淘汰説は不要であるが、メカニズムに基づいた説明を捨象するわけではない。連続的に変化する身体も、スナップショットのようにある時点のある状態に焦点を当てて問題を解決するのなら、メカニズムの知識が必要になるからだ。
振動子の個性は自己組織化を遺伝情報が制約することで生まれ、振動子と振動子の同期は遺伝情報と環境からのシグナルによって制約される。遺伝情報を使って振動や同期・非同期が生じるメカニズムを明らかにすることは、新しい生命科学の重要な研究課題である。

「考えること」と「感じること」から人間の思考が成り立っているように、**これからの生命科学は、「メカニズム」と「オープンシステムサイエンス」を融合することで、「個性を反映した高精度の予測」と「条件つきの因果モデル」とを組み合わせて問題の発生を事前に予防できるようになる。**これを生命科学の新たな総合と称する。

第六章

機械仕掛けの生き方を変える

機械になぞらえた幻想が社会に浸透し、あらゆることが市場化してしまった。機械化された「自由」とは自分の欲望を満たすための競争であり、市場は個人の欲望の集まりである。

道具的な価値観のなかで生きるということが、人生を「人の欲望を満たすことで対価を得る労働」と「自己の欲望を満たすための消費」というループに閉じ込めてしまった。このループのなかで少数の勝者と多数の敗者が生み出された。

人類は長い歴史のなかで相手への寛容と自制心を育んできた。それさえも社会は見失っている。不寛容は世界を操作し支配しようとする。

寛容が目的化するとパラドクスが生じる。カール・ポパーは寛容な社会を守るには不寛容に対して不寛容でなければならないと論じたが、これは誤りだ[*1]。

完璧なる寛容が幻想であるように、揺るぎのない不寛容も存在しない。不寛容であることは苦しみに他ならないからだ。人間は一人では生きていけない。**不寛容に対する終わりなき寛容によってしか不寛容は克服されない。**

道具的なものの見方を改めなければ、人間は自律的に秩序を発見する力を失い、社会は抗争の絶えない荒んだものになる。自己の正当性だけを問い自己変革を頑なに拒否すれば、戦争やテロが止むことはない。

機械仕掛けの生き方を変えなければ、人間はいずれ監視されるようになり、問題ありとレッテルが貼られた人間は社会から排除される。

個人情報の集積とＡＩを用いた解析技術の進展により、二十一世紀の全体主義は二十世紀とは比較にならないような精緻な監視社会を生み出すだろう。このような未来社会を自分の息子ひいては未来の人類に残したいとは思わない。

監視社会という未来像

失われる心

センサーや情報通信技術の進展、電化製品を情報でつなぐインターネットの普及から世界のあらゆる物事を情報化してＡＩで解析するデジタルトランスフォーメーションが進んでいる。半導体工場のように複雑な製造工程では、問題点の発見は人間の認知限界を超える。センサーとＡＩの組み合わせによって、どこに問題があるかをすばやく発見できるようになってきた。動物が「いつ、どこで、何を、どの位、どのように食べたか」という情報を得るために観測対象の生物に小型のビデオカメラやセンサーを取り付け、動物の目線でその行動や生態を記録することが可能である。このような記録方法をバイオロギングと呼ぶ。[*2]

工場や動物の調査と同じことが人でも起こっている。レジでのポイントカードの使用やeコマースでの購入によって個人レベルで消費が記録されその動向が解析できるようになってきた。

イチロー選手は、引退会見で大リーグが「頭をつかわなくてもできてしまう野球になりつつある」と苦言を述べた。アメリカの野球では大量のデータを解析してプレイの判断に用いるセイバーメトリクス（アメリカ野球学会測定基準）という方法が浸透している。[*3] 勝利という「見たいものを見る」ために最も確率の高いプレイを選手が選択するようになっているのだ。

デジタルトランスフォーメーションは課税、防犯、治安など国による統治と関連する領域にも拡大している。将来、犯罪による社会的なコストの増加を防ぐために、脱税、窃盗、強盗、テロなどを犯す可能性のある人間を早期に発見し監視するサービスが社会に実装されるかもしれない。

デジタルトランスフォーメーションは保健、医療、教育にも拡大している。この領域でも経費削減という市場原理から不健康な生活をする人、学校生活を適切に送れない人を監視し排除するサービスが実装される可能性がある。

個性の科学は、機械になぞらえた社会では監視の道具になり果ててしまう。

ジャック・アタリは社会を監視する情報を監視財と称し、公共サービスの担ってきた教育、保健、治安の領域に市場原理が入り込むことで、国家機能は市場に代替され各人のプライバシーは消失し、人が人を監視する社会が形成されるという未来を予言した。[*4]
監視社会とは社会が犯罪や病気を生み出していることに目をふさぎ、個人にその責任をすべて転嫁し、人間を徹底的に管理することである。

工場の製造工程を分析して不良品の発生を防ぐことと、社会のなかで人間の抱える問題を発見することは根本的に異なる。製造工程には「最適解」があり、すべてをこの一つの解に収斂させれば、最大の効率で製品を生産することができる。しかし、人間には個性があり、最適解は役に立たない。最適解を用いるには、この解に当てはまらない人間を発見して排除することになる。個性の科学は監視社会で個性を排除するために用いられてしまう。

新型コロナウイルス感染症の世界的な拡大は、監視社会に移行するきっかけになる可能性がある。流行がどのような段階であってもすべての感染者を特定し隔離すれば感染は終息する。
政府が、ウェアラブルセンサーなどによって個人の身体状態をモニターし、ＧＰＳやブルートゥースなどの技術で誰と誰がどこでどのように接触したかを追跡すれば、リアルタイムで感染者あるいはそのリスクのある人を捕捉し、行動を制限することが可能になり、すべての人の外出を規制するときに生じる経済的活動の停滞を防ぐことができる。

しかし、**これは誰かがあるべき社会を設計し、それに合わせて人間の行動を操作することであり、生命への冒瀆だと言える。**一人ひとりの人間が自分の行動を選択するときに自律的に個性の科学を使えれば、監視などなくても秩序は生まれる。

「いいね!」が支配する社会

人の行動を予測可能な形で変える「ナッジ」の理論を、二〇一七年にノーベル経済学賞を受章したリチャード・セイラーは開発した。[*5] ナッジとはもともと「ひじでちょっと突く」という意味で、人々に小さなきっかけを与えることで、「望ましい」行動を選択するように促す手法である。しかし「望ましい」行動とは、そもそも何であろうか? 誰がそれを決めて、促すのだろうか?

ノーム・チョムスキーは宣伝技術を使って人々の恐怖心や憎悪を煽り、戦争に向かわせるように世論を操作するということが二十世紀はじめから続いてきたと訴える。[*6] 権力を持った人間が「望ましい」と考える行動を人々が自発的に選択するように仕向け、国の政策を決めるということが現実の民主主義で行われていた可能性があるのだ。

インターネットを使ったソーシャル・ネットワーク・サービス（ＳＮＳ）が登場し、多くの人が使うようになった。

ＳＮＳで交わされる対話を分析すれば個人のサイコグラフィックス（心理属性）を取得できる。価値観、信条、パーソナリティー、ライフスタイル、嗜好性などの心理属性を使って特定の商品を購入するように個人に対して広告を行うことはすでに行われている。

フェイスブックの「いいね！」を三百件以上解析すれば、その人の伴侶よりも正確に人物像を推定できることが権威ある科学雑誌に発表された。[*7] ある人が何に嫌悪と恐怖を感じているかをサイコグラフィックスで推測し、コンピュータで求めた手順に従いネガティブな感情を引き出して人の意思決定を操作する。こんなマインドコントロールが可能になってきたのだ。

マインドコントロールは監視されていることに気付かせない監視である。これに対抗するには、**自分と向き合って自身の弱みや感情的になる原因を知り、自律的に自分の行動を選択するように心がけなければならない。**これを放棄したとき人は機械に支配されてしまう。

不老不死を目指す社会

積み木を組み立てるような再生医療

再生医療は一九九〇年代はじめに、「老化を制御し人に永遠の生命を与える」という夢を実現するためにスタートした。[*8] その発起人にあたるのがマイケル・ウェストである。彼はジェロン社の創設者であり、不老不死のコンセプトを売ることで投資家から巨額の資金を獲得した。

マイケル・ウェストは不老不死を達成するには、体内の細胞の老化を防ぐとともに体外から新しい細胞を供給して老いた細胞と入れ替える技術が必要であると考えた。この仮説に基づき、ジェロン社は細胞老化を防ぐ働きがあると考えられていたテロメラーゼという酵素の遺伝子クローニングとヒト胚性幹細胞（ＥＳ細胞）の技術開発を進めた。[*8]

同じ頃、ウィスコンシン大学のジェームズ・トムソンはアカゲザルのＥＳ細胞を樹立することに成功し、ヒトＥＳ細胞の研究をスタートさせたいと考えていた。しかしクリントン政権は、倫理上の問題からヒトＥＳ細胞の技術を開発する研究に国費を使うことを認めなかった。

トムソンはウェストの提案に乗って、ジェロンの資金によりヒトES細胞の研究を開始した。一九九八年十一月六日、トムソンはヒトES細胞の樹立をサイエンス誌に発表した。[*9] わずか三ページからなる簡潔な論文の最後のパラグラフを、トムソンはヒトES細胞の有用性を論じることに割いている。ヒトES細胞がニューロンや心筋細胞の無限な供給源として移植医療に広く利用できることが述べられている。これは基礎科学の論文としては異例である。

ヒトES細胞から分化したニューロンや心筋細胞が生体内の細胞と同等であることも、また移植によって治療効果を発揮できることも実証されていない段階で有用性を論文に記載することは科学的ではないからだ。

これはヒトES細胞の開発に受精卵の破壊という倫理的問題が存在することと無関係ではない。倫理問題を超える有用性が論文発表の正当化に不可欠であったのだ。

トムソンの論文が発表されると、米国の様々なメディアがヒトES細胞の医療における有用性を徹底的に報道した。[*8] その結果ジェロン社の株価は大きく上昇した。「永遠の命」という看板は病気を治療するための再生医療へと焼き直された。

そのジェロン社は、二〇一一年十一月にヒトES細胞を用いた再生医療事業から全面的に撤退した。[*10] 十三年間にわたるジェロン社の猛烈な努力は報われることはなかった。ヒトES細胞が樹立されたときの期待とは裏腹に、ヒトES細胞を治療に応用するのは簡単なことではなかった。

レタスやベーコンの挟まったハンバーガーを思い浮かべてほしい。このハンバーガーを一口食べた後に、元通りにしてほしいと言われたらどうするだろうか？　もし食べたのが上部のパンとハンバーグの一部だとしたら、パンとハンバーグを丸ごと入れ替えるだろう。齧られたパンとハンバーグの一部を、パーツのようにして食べた場所にはめ込んでも元通りにはならないからだ。

臓器の一部を再生する医療は、臓器を丸ごと置き換える心臓移植や腎臓移植とは異なる難しさがある。

野生の生物にとって、食物の枯渇とともに最も過酷な環境からの挑戦は捕食者などによって身体の一部を奪われることだ。しかし魚類ではヒレや脊髄に加えて心臓などの臓器の一部が失われてもそのことで直ちに死ぬことがなければ、ほぼ元通りに再生する。

イモリやサンショウウオのように大人になっても尾がある有尾両生類では、手足に加えて目や脳の一部を失っても完全に再生できる。しかしカエルのような無尾両生類では、オタマジャクシには高い再生能があるが成体には再生能はない。

大きな再生能を持った動物では傷害部位に発生の状態が再現され、前後と背腹の極性が生じる。しかし哺乳類や鳥類は手足や翼を失っても再生することはできない。[*11]

成人男性が片足を付け根から失ったとする。この足を元通りにするにはおそらく発生と発達と同じように十数年という長い年月が必要であり、それまでは乳幼児や子供の大きさの足しかなく歩くための役には立たない。同じように鳥に翼を再生する能力があっても再び飛べるようになる前に天敵に襲われるか、餓死してしまう。

再生する能力が生存を助けないのなら、組織の大がかりな再生は抑制されていてもおかしくない。哺乳類や鳥類にあるのは小さな傷害の修復力である。

魚類や有尾両生類の大がかりな再生も、人間や鳥類の損傷修復も自己組織化である。この働きを試験管などで**人工的につくられた組織や臓器の一部を「積み木」のように傷害部位に組み込む形で代替するのは困難である。**

組織や臓器の大きな損傷を再生する技術ができたとしても、ストレスや老化に伴う炎症などの原因が除去されなければ再び組織や臓器は傷害されてしまう。組織の再生は病気の治療というコインの片面にすぎない。

医療の目的は健康に天寿を全うできる支援を行うことだ。**傷害が小さいうちに問題を発見し、自己修復力を引き出すことで治療するのがこれからの再生医療が向かう道である。**

不老不死になりたい？

多くの思索家たちは、「人生を浪費している人間に限って長く生きたいと思っている」と語ってきた。[*12] 例えば古代ローマの政治家セネカは、多忙であることが人生最大の浪費であると述べた。

生きることが戦いであり、戦いに勝って安定した権力と名誉を手に入れることが人生の目標だと信じて疑わないとしたら、その人の死は悲劇である。人生の目的であった相手を操作し支配するための道具は、死によってすべてを失ってしまうのだから。

今日が人生最後だとしたら、今日やることは本当にやりたいことだろうか？

スティーブ・ジョブズが残した有名な言葉である。[*13] セネカが強調していたのも、「毎日を人生最後の一日」と思って生きることだ。セネカは次の言葉を残している。[*12]

> 生きることは生涯をかけて学ぶべきことである。そして、おそらくそれ以上に不思議に思われるであろうが、生涯をかけて学ぶべきは死ぬことである。

人間の個性は遺伝情報として与えられるのではなく、遺伝情報と発生・発達・成長・老化の遍歴によって成ることを論じた。

人生を健康に生き抜くということは、新たな自己の創出をとおして自律的に自然や社会と調和することだ。進化を生み出したのは『協創』によって成ることを実現できた生物である。成ることは死とともに失われるのではない。相手の心のなかで続くからだ。

機械になぞらえた競争原理の「終わりなき我欲に従って、他者との戦いを生きろ」という誘惑を断ち切るには、「生を愛する情熱に従って終わりなき自己創出と世界との『協創』を生きる」ことに気付かなければならない。

生涯をかけて学ぶべきなのは、心の底から生じる無償の力によって生きることである。

機械から離れて考える

寺島実郎は「知の再武装」という言葉で人生百年時代の新たな学びの重要性を説いている。[*14]この学びが目指しているのは、自分の心を深く見つめて世界を美として再発見する力を身に付けることである。これまでの常識が通用しない「グローバル化」と「超高齢化・デジタルトランスフォーメーション・AI」が重なった時代を生き抜くには、「生命とは何か?」「自然とは何か?」という本質的な問いから人生を見直す必要がある。

見えないものを見つける歓び

人間には予期せぬ新たな体験というそれ自体の歓びが必要だ。この歓びを、バタイユは「至高性」と表現した。[*15]バタイユは、何らかの目的のために操作的に行われる道具のような行為を、悪臭を放つ惨めなものとして糾弾し、至高性というそれ自体の歓びを大事にした。

至高性を求める人間に対して、資本主義社会は商品やサービスを使って疑似的な至高性を提供し続けてきた。現代社会の不幸は、モノと情報の消費によってそれ自体の歓びを捏造（ねつぞう）していることだ。生命を持たない道具に対して歓びという見返りを期待するのは欲望である。

夜のひとときにお酒を飲むのは仕事の疲れを癒し、心を自由にする。しかしそれは至高なことではない。アルコール、薬物、商品、聴き慣れた音楽のように予期できる経験に歓びを感じるのは耽溺（たんでき）である。ＳＮＳも日常生活を美しく見せかけるための道具として使うと耽溺を生み出してしまう。

人間は長い間耽溺に支配され続けてきた。我欲が無限性を求め、自然や社会の支配を求め、自己の承認を求める。人間が耽溺の支配から逃れるには至高性を再発見しなければならない。

古代の王や祭司は至高者であった。人の心を動かしたのは、王や祭司による我欲の克服であり、ありのままの生の発見であった。芸術活動も自分が生きるための手段ではなく、鑑賞者への贈与である。芸術家は自身の苦悩を埋めるために、ありのままの生を表現する。それが鑑賞者に至高性という奇跡の体験を誘導してきた。

至高性とは人と人、人と自然の間で生じるものであり、至高者は自己を相手に贈与し、生そのものを生きる。それは自然に目を向けるだけで日々体験できる。自然は多様でその変化は予測できない。道端の草についた花の蕾、虫の飛翔、鳥の鳴き声などに気付くことは、自然からの贈与であり奇跡である。同じように相手の心を想うという人間関係の基本も至高の体験である。

異端であることの勇気

健康は見返りによって実現されるものではない。適切な運動が健康に有効だといっても、運動したくない人が無理に運動してもストレスを増やすだけで健康にはつながらない。健康とは心身が『協創』することであり、心身が『協創』すれば、適切な運動、食事、睡眠が自然と可能になる。

人生のなかで私たちはいろいろな人と出会い、関係を築く。自分とは異なる発想や見方を持つ人との出会いが歓びなのは、それが新たな『協創』を生み出してくれるからだ。

心の病は文化と関係して発症する。正常と異常という線引きが文化によって規定されるからだ。[*16] 文化とは日常生活のなかで起こる出来事の意味づけや行動原理を社会の構成員の間で共有するためのものだ。

特定の心の在り様を精神疾患と診断することは、社会がその人たちに烙印を押して社会から排除することである。排除によって人間は『協創』の機会を失う。

心の病で問題なのは他者と理解し合えない苦しみである。苦しみは無条件に生じるものではない。その人が生活する社会や文化という文脈のなかで心の葛藤が生まれ、病気を発症させる。

脳が心によって創出されるのだということを考えれば、精神疾患は社会が生み出したものだと言える。

疫学調査から、統合失調症の病状の進展は文化によって異なることが示された。[*17] 人と社会の葛藤が病気を発症させ悪化させる原因だから、葛藤の少ない社会のほうが病気の発症は抑えられ、たとえ発症しても病気の進展は穏やかになる。

完全性を競う社会では平均から大きく外れた人間は、異常であり、健常に近づくことを強いられる。

葛藤の少ない社会とは多様な心を持った人間が互いに『協創』できる社会である。**多様な心を持った人が共に生きられる社会をつくることで精神疾患に対する差別は消失する。**

企業では、五十代から管理職の役職定年がはじまり、六十代になると給与が大幅に下げられ引退が暗黙に勧告される。現代社会では還暦後の二周目の人生は、余生である。

もし余生が、ただ死までの時間を捨てることであるのなら、老いることは絶望になる。余生というストレスが認知症をはじめとした、高齢者の病気を発症させている。社会から不要だと言われた自分の人生を愛することは容易ではない。高齢者の不健康は、高齢者を差別する社会によって生み出されたものだ。

老いれば、身体の様々な場所が痛み、感覚の『協創』という幸せな状態は若いときよりは得にくくなる。しかし、五感が『協創』したときの感覚は若いときとは比較にならない歓びとなる。これが老いて、なお自分の「人生を愛する」ことの意味である。**歳を重ねることで、「生を愛する」という至高性を発見する力は高まる。**

凍えるような冬の朝、茹だるような夏の午後。こんな厳しい季節に歓びを感じるとき心身の健康を感じる。異端であることを愛して世界と『協創』したい。

心で心を想うことを学べる学校

市場社会に適応し活躍するために、教育は道具的な「知」と身体技能を習得させる。運動会や学芸会では、集団へ帰属する歓びが体験される。自分のクラスや学校を愛するのは、自分の国を愛するのと同じように幸せなことだ。しかしこのような共感を通した連帯は部族化を生じさせる危険性がある。仲間を愛する気持ちから社会全体に信頼を生み出すには、異なるクラス、学校、国の人に心を寄せる想いを育む必要がある。

目に見えない心を直観で捉えて言葉で表現するのが「心で心を想う」ことだ。道具的な「知」とは異なり、心で心を想うことに正解はなく、標準的な形式として学校で指導することは容易ではない。

最近、コンプライアンスが声高に叫ばれ、個人の行動を規制するのに使われるようになってきた。『こども六法』という本には、いじめや虐待は犯罪であると論じられている。[*18] しかし本来子供がクラスメイトに暴力をふるったり、悪口を言ったりしないのは法律に反するからではなく、相手の痛みや悲しみが想像できるからだ。

心で心を想うということは相手の心の状態を直観的に感じ取ることであり、そこから「しないではいられない」という感情が湧き上がってくる。

これに対して我欲は、自己の欲望を実現するために道具的に知を利用し、常に自己を正当化し、計画が予定通りに実現しないとその責任を協力してくれた相手に押し付ける。我欲は自己の計画が人を幸せにしていないということに気付かず、利益共同体の仲間を大事にするという行為が道徳的だと勘違いする。だから学校でのいじめや社会での部族化が生み出される。

教育はこのような行為を恥ずかしいことだと気付かせる役割を持たなければならない。それができるのは我欲を捨てた教師だ。

喜怒を色に表さないことは我欲に打ち勝つための鍵である。自分が痛みに堪えて平静を保つから、相手のほほ笑みの裏に隠れた苦しみを想像しようという気持ちを持つ。一度でも内在性の光に気付けば道具的な我欲の壁は壊れていく。

新しい文明を目指して

村上龍と未来を読み解く鍵

ＡＩを使い、人間はどんな未来社会を創出しようというのか？

すべての労働をＡＩとロボットが代替し、お金を稼ぐ必要もなく、映画「マトリックス」のように仮想現実空間のなかで安全な冒険をただ楽しむだけの人生。進化論、脳科学、医学、自然科学、数学、人類の歴史。こんなものは学ぶ必要もない。問題はＡＩが解決するからだ。

そこには争いや競争はない。ＡＩによって設計された、人間の欲望を満たすだけの偽りの幸せな時間が流れている。

村上龍は次のように述べた。[*19]

「思考放棄」に陥った人や共同体には特徴的な傾向があるように思う。「幸福」を至上の価値として追い求め、憧れ、生きる上での基準とするということだ。(中略)

今わたしたちに必要なのは、幸福の追求ではなく、信頼の構築だと思う。

幸福とは自己の心を満たすことだ。一人ひとりがそのために悪戦苦闘している。心を満たすことが不要なのではない、生きるということが自己の心を満たすという欲望からはじまるのが問題なのだ。なぜなら、欲望とは「見たいものを見る」ことだからだ。

苦しみから逃れるために、現実の様々な問題から目を背け、意識しないようにする。「見たくないものを見ない」という思考の放棄は幸福の追求と同じ構造をしている。

生命の本質は「見えないものを見る」直観である。自分を信頼し、相手を信頼し、未来を信頼すれば問題の奥に隠れた答えが見つかり、勇気を持って社会を変えていくことができる。それは至高の経験だ。

物や空間関係の識別などを直観で捉える能力は乳幼児でも持っているが、ＡＩでは実行するのは難しい。[20]人は限られた経験からすばやく新しい概念を学ぶことが可能であり、それを別の領域に応用する柔軟さを持っている。また人は未来を想像し、状況に合わせて行動選択をすばやく変更することができる。しかしＡＩはこのような思考能力を持ち合わせてはいない。

ＡＩが苦手としている課題はいずれも「説明」ではなく「直観」と関係している。ＡＩには人間が音楽や美術を楽しむように五感をとおして美を体験することができないし、相手の心と身体の痛みを想うこともできない。

相手の心の状態を「思（想）って」、行為の意味を「考える」のが思考である。ＡＩも信頼を失った人間も思考できない。だから未来社会はＡＩにも欲望を追い求める人間にも託すことはできない。

ＡＩと人間とを結び付けるプラットフォーム

「終わりなき我欲に従って、他者との戦いを生きろ」と教える社会で、「生を愛する情熱に従って終わりなき自己創出と世界との『協創』を生きる」ことは容易ではない。封建社会が近代社会に転換するのに何百年もの時間が必要であったように、『協創』という無償の力から推進される社会が確立するのにも長い時間がかかるだろう。

『協創』とは競争でも共生でもない。競争か共生かという二極化を解決するには寛容と自制心を持ったリーダーの献身が不可欠である。そのなかで私たち一人ひとりにできるのは、極端な二極化が世界を機械になぞらえる幻想によって生じたことに気付き、人間の自然状態が個人の幸せを目指した闘争あるいは共生なのではなく、『協創』であると了解することだ。

『協創』とは、すべての人間と共感することではない。そんなことは不可能だが、共感できない人を蔑んだり排斥したりする必要はない。自制と寛容によって、人間は自分とは異なる相手を信頼する自由を手にする。

世界が信頼で満たされれば、すべての人間にとっての歓びとなる。そのことに気付けば転換はドミノ倒しのように連鎖し、国民国家から地球市民への転換は自然に起こる。

地球市民が誕生することで国家が消失するわけではない。国あるいは地域というレベルでの開かれた境界があることで世界の秩序形成は促進される。**私たちが目指すのは多極協創社会である。**

これは、お互いが生涯の間に一度は直接知り合える程度の大きさに世界を分け、それが緩やかに結び付いた社会である。人と人との関係は対面のコミュニケーションが中心になり、離れた場所に住む友人との対話は分身ロボットを使ったものになるだろう。[*21]その結果、感染症やテロの拡大は抑制される。

日本が地球市民の先頭に立ち、「心で心を想う」立ち居振る舞いによって、世界から信頼を受けるようになれば、日本は世界一安全な場所になるだろう。安全が武力ではなく、『協創』によって可能であることが示されれば、それを追随しようとする国は増えるはずだ。自律した国と地域が『協創』によって秩序を創出するというのが、地球市民時代の特徴である。

競争による市場経済は、自然の美を参照にした『協創』の経済に置き換わるだろう。調和が生まれるように操作する社会ではなく、調和が自律的に発見される場を生み出す社会である。生活の基盤となる工業製品の開発、ゴミの処理はＡＩによって最適化されるので、使用可能な資源とエネルギーを踏まえて世界中の人々に広く行き渡らせることが可能になる。

動力がガソリンから電気に変わることで車は重工な金属である必要はなくなり、様々なデザインを適用しやすくなる。交通事故による死者も大幅に減るだろう。

衣服も自然の美を参照にしたデザインが私たちを楽しませる。工業製品や衣服の品質はＡＩ

によって最適化されるので、高級ブランドという形での信頼の概念は失われる。ファッションはデザインそのものが選択価値を生み出す。

住居やオフィスに使われる建物は自然との『協創』が目指され、都市への一極集中は解消され、国土は有効に使われるようになる。ＡＩによって計算された機能と、自然の美学に基づく人間のデザインが融合することで、建物は長期間の使用と心地よさを共存するようになる。

学校教育は生徒の経験に基づく内在的な「知」と伝統に基づいた道具的な「知」を邂逅させる場になり、子供は問題が発生してから解決するのではなく、問題を未然に防ぐ知恵を身につける。

発症してから高度な治療を行う医療は、生涯にわたる健康を維持できる予測と予防の個別化された保健と予防医療に代わる。予防薬は医薬品の中心になる。

このような未来社会を創出するには政治家、経営者などの役割が重要になる。

政治と経営は数ある仕事のなかで、最も我欲を抑制しなければならないものだ。しかし、自分の名誉や権力などを得る手段として政治家や経営者になろうとする人は多い。国や組織を運営するということは、人と人との関係に美を見出し、他人のために働くことだ。

意見を対立させた政敵と共に政権を運営し、成果を譲り、失敗の責任を負う。対立を『協創』に転換し信頼を創出する。こんな生き方に歓びを感じる政治家は自己の限界を認め、相手のすぐれたところに敬意を払う。そこには我欲が入り込む余地はない。

政治家の役割は新しい「道」をつくることだ。競争の資本主義に代わる『協創』の社会を生み出すための「道」である。「道」ができれば、そこに人が自発的に集まり、文化が生まれる。自然の美学に基づく経済を実現できる基盤が広がったのなら、世界はどれほど彩りに満ちたものになるだろう。

実業家の役割は、「道」を使うためのプラットフォームを開発することだ。これまで本、ラジオ、テレビ、パソコン、テレビゲーム、スマートフォンというプラットフォームに、人が集まり様々な作品が創造されてきた。これからつくらなければならないのは、「ＡＩによって最適化されたモノの生産」と「人間の心から生まれるコトの創出」の二つを結び付けるためのプラットフォームである。

人類の前には二つの大きな選択肢がある。欲望を満たすことと引き換えに誰かの作ったプログラムに従って機械的に管理される社会と、信頼を構築することで未知なる未来を発見する社会である。私は未来の人類が自分自身の手で未来を拓くことができる信頼の社会を残したいと思う。

終章 生命の軌跡

虚構と現実

一九七四年にキング・クリムゾンという英国のロックバンドが、「スターレス」という曲を発表した。中学二年生のときに出会ってから、心が痛むたびにこの曲に癒されてきた。

二〇一八年十一月二十七日、渋谷のオーチャードホールでキング・クリムゾンの息をのむような情熱と美を表現したコンサートの本編が終了し、アンコールの拍手が続いていた。それに応えて八人のバンドメンバーが再びステージに上がり、「スターレス」の演奏が始まった。四十年以上憧れてきた夢のステージを体験した瞬間である。

ロングトーンの静かで美しいイントロに続いて、絶望の詞がボーカルの声に乗って会場に響きわたった。本編の間は群青色だったステージのライトは深紅に染まっていく。

美しいメロディーは曲の中間部では不安や苛立ちを彷彿させるインストゥルメンタルに変わり、破壊的な叫びや怒りへと展開する。そして最後に最初の美しいメロディーへと戻って来る。このエンディングのメロディーは曲の最初とは異なる質感で心のなかに入って来る。怒りを経て悲しみが鎮まるからだ。

人への怒りは相手を打ち負かすのではなく、相手を許すことでしか終止符は打てない。加害者に自分と同じものが流れているという直観からしか、罪は許すことができない。

共苦とは、怒りを鎮めて悲しみを受け入れた経験がある者が、その意味を悲しみに直面した相手に伝え癒しを導くことである。

「スターレス」のラストはそれが至高の体験であることを示している。

幼い頃から、心、自然、未来という見えないものを見たいと思ってきた。それなのに、相手に組み込んだ自分の「見たいもの」が、あたかも現実であるという思い違いをおかした。

誰よりもあなたを美しく愛せると思った報われない恋。自分の気持ちを優先して近しい人の気持ちに寄り添えない腑甲斐なさ。それを運命のせいにしようとしたとき、我欲に溺れた自分の姿に気付いた。

実らない恋
叶わない夢
胸の奥で泣いている
それは虚構だと伝えたい

道具のように利用された痛み
差別された悲しみ
そんな過去は虚構だと思って忘れたい

心惹かれる愛おしい人との出会い
かけがえない命との出会い
近しい人とのありきたりの日々
そんな現実を愛したい

志を共にする刹那の友人との挑戦
信条の異なる相手との共創
そんな奇跡に感謝したい

すぎさった昔の記憶
今も懐旧の情に駆られて仕方ない
それを相手が思い出してくれたらうれしい

人生とは機械になぞらえて「見たいものを見に行く」のではなく、「見たい」という前提をおかずに「見えないものを見る」ことである。

「一塵不染」と「別有天地」

真正極楽寺真如堂は京都洛東の小高い丘の上にある。このあたりは神楽岡と呼ばれ、金戒光明寺から真正極楽寺にいたる丘全体が寺の境内となっている。真如堂の境内からは京都の街並みを覗くことはできない。大文字山や比叡山など京都を囲む山並みだけを借景とする。そんな特別な場所にこの寺は静かに佇んでいる。

真如堂の山門をくぐるといつも私のなかに不思議な感覚が押し寄せてくる。時間と場所の感覚が消失するような眩暈だ。真如堂は、訪れる季節ごとに異なる風景を見せてくれる。しかし、ここでは東京の街の変化とは異なり過去の時間が現代に繰り返す。

真如堂には曽祖父母、祖父母、母が眠っている。大きな決断を求められるとき私は一人で真如堂を訪れる。境内の庭に立って、ここに眠る曽祖父母、祖父母、母の人生に想いを馳せるのだ。

曽祖父桜田文吾は、仙台藩士の子として一八六三年に生まれた。幼いときに父を病気で亡くし、二人の兄を戊辰戦争の後に失った。長兄は白河口で戦い、次兄は十六歳で星恂太郎率いる額兵隊の一員として函館五稜郭で戦った。二人とも戦後仙台に戻り病死している。戊辰戦争の最中に十三歳だった姉は誘拐され、明治二十二年に文吾と再会するまで生き別れとなった。[＊1] 文吾の母は悲嘆のなか娘に再会する希望を叶えることなく明治十七年に亡くなっている。奥羽越列藩同盟に加わった藩士の多くは似たような境遇にあった。

文吾は苦学の末、東京法学院（現在の中央大学）を卒業し、陸羯南に誘われ創刊のときから新聞「日本」の編集部に参画した。日本新聞社には、その後正岡子規をはじめ長谷川如是閑や三宅雪嶺など明治を代表するジャーナリスト、思想家が集まった。新聞「日本」は反骨精神から政府の不正や腐敗を攻撃し、しばしば発行停止処分を受けたことでも知られている。日本新聞社に陸羯南をはじめとして奥羽越列藩同盟の出身者が多くいたことと無関係ではないであろう。

そんな新聞「日本」のなかで、明治二十三年の夏、文吾は大我居士のペンネームでスラムのルポルタージュの連載を開始した。[＊1] 後にこの連載は、日本新聞社から日本叢書の一冊として『貧天地饑寒窟探検記』の題で出版されている。文吾はこのルポでスラムに暮らす人々の苦しみを代弁した。紀田順一郎は『東京の下層社会』のなかで、『貧天地饑寒窟探検記』を「烈々たる大文章で、明治ジャーナリズムの最良の部分がここにあるといえまいか」と評している。[*2]紀田は文吾の先駆性として、「徹頭徹尾貧しい側にたって一般社会、とりわけ富裕階級をするどく告発する視点を確立した」ことをあげている。

変装しスラムに入ることは様々な意味で命がけであった。実際、ルポのなかにあと一歩でコレラになるところだったことが記されている。文吾は自身のテーマとして政府の不正や腐敗を攻撃するのではなく、弱者の視点から貧困の問題に取り組むことを選んだ。私はこれに文吾の信念を見る。真如堂で文吾の生き方に想いを馳せるとき、私は人が過去の痛みと折り合うための作法を学ぶ。

文吾はその後、日清、北清事変、日露戦争に従軍し、記事を新聞に連載した。日清戦争への従軍にあたり、文吾は正岡子規から「涼しそうな処を選って行き給え」という短冊を贈られている。無理をするなという子規からの忠告だったのだろう。その言葉がお守りとなり、文吾は三つの戦争で戦死することはなかった。

日露戦争に従軍する前に、文吾は東京から京都に居を移した。おそらくこの戦争を最後に記者の一線から退くことを決意していたものと思う。文吾の息子であり私の祖父にあたる桜田一郎は明治三十七年一月に京都で生まれた。文吾は生まれて間もない一郎を置いて日露戦争に従軍したことになる。この後、文吾は日本新聞社を退社し、京都で京華社と京都通信社を創設、京都市議会議員にも当選した。

一郎は自身の著書のなかで、父文吾が犬養木堂（犬養毅）から二つの書が送られてきて大いに喜んだことを記している。[*3] この書には、「一塵不染」と「別有天地」とが書かれていた。一郎は「一塵不染」に犬養木堂の政治家としての態度のよりどころを最もよく表していると思っていたようだ。

「一塵不染」は、仏教に由来する中国のことわざ「塵一つも染まらず、香り骨に到る」に由来する。一郎は研究者としての取り組みのよりどころとして、「一塵不染」を座右の銘とした。我欲を捨てて純粋に研究することが学者の本分であると考えた。それとは対照的に一郎の息子であり、私の父である洋は「別有天地」を好む。

日本新聞社時代の文吾が「一塵不染」であったとしたら、京都時代の文吾は「別有天地」であった。我欲を捨てて目標に邁進する「一塵不染」は、しばしば頑固で片意地なものになりがちである。それを円熟した「一塵不染」にするには、「別有天地」の心が必要である。

「別有天地」は李白の山中問答「別に天地の人間にあらざる有り」に由来する。これは、この俗世間とは別の世界があると想像することである。「一塵不染」という自制心は他人に求めることではなく、自身に課すことだ。「別有天地」を想像することで、相手に対して寛容になり「一塵不染」の要求を収めることができる。「一塵不染」と「別有天地」は車の両輪として人は贈与を実現する。

真理を追究する科学者としての道を生涯つらぬいた祖父一郎と、若いときに研究者から実業家・経営者へ転身した父洋が、それぞれ「一塵不染」と「別有天地」を優先したのは今の私にはよく理解できる。[*4]

一郎は一九二三年に京都帝国大学工学部工業化学科に進学し、喜多源逸教授の指導を受けセルロースの研究を行った。[*5] 卒業後は喜多教授が籍をおいていた理化学研究所で研究を続け、理化学研究所の研究員として一九二八年に神戸港を出発してドイツのベルリンにあるカイザー・ウィルヘルム化学研究所に留学した。

一九三一年に帰国後、ドイツ留学での経験から高分子化学の本格的な研究を開始した。一九三五年には京都帝国大学の教授となり、一九三九年には研究室の研究者らによって日本初の合成繊維の開発が成功した。これは、米国のデュポン社が世界初の合成繊維ナイロンの製品化を発表した翌年のことであった。

一郎は昭和十八年（一九四三年）十二月ビニロンの発明によって陸軍技術有功賞を授与された。そのとき祖父は次のような談話を発表している。[*5]

今回の貧しい研究が受賞の榮に浴したことは學徒としての感激是に過ぐるものがない。僕は唯恩師喜多源逸先生が造つて置かれたシステムに仲間入りさせて貰つただけの事で、受賞者に僕個人の名が出されたのは心苦しく思つてゐる。研究結實の陰には幾多の協力者の鏤骨（るこつ）の研鑽が積まれてゐるのである。今後の科學技術研究はタクトシステムに依らねばならぬ。即ち研究所と工場が互いに虚心坦懐に連絡して研究は綜合的に行ふのである。将来は個人賞というものは無くなり全部団体受賞になるだらう。また無くせばならぬと思ふ。

一郎は昭和五十二年に文化勲章を授与された。それは悩んだすえの受章であった。

文吾は大正十一年十二月に五十九歳で亡くなり、一郎は昭和六十年六月に八十二歳で亡くなった。文吾は洋に贈るために兜飾りを遺した。そこには金属製の家紋が付けられている。

文吾や一郎が刻んだ経験は、息子、孫、ひ孫へと継承されてきた。現在十一歳の私の息子が十年後、五十年後に私の人生をどのように想うのだろうか？

自分の我欲を抑制し、相手の我欲に寛容になるのは容易なことではない。塵に染まった頑な自分の心に愕然（がくぜん）とする。人生に見返りを求めず、生命の旋律のなかに身を委ねたい。それは人や自然を信頼することではじまる。生物と生物は互いに『協創』し新しい旋律を生み出してきた。花鳥風月の奏でる自然の旋律のなかに自分の人生を重ねたい。

本書でまとめた新しい生命像と生命科学の鍵を握るのは、「『協創』から世界を理解する」ことであった。この考えが、これまでの道具的な価値に基づいた操作と支配からなる社会を見直し、内在的な価値に基づいた発見と至高性からなる社会への転換に役立つのであれば、研究者冥利に尽きることだ。

おわりに

この本は新たな生命科学の創出を目指して十四年前に書きはじめられた。

三年前、幻冬舎の石原正康さんと森村繭子さんに出会ったことが転機になった。日の目を浴びることもなく積み重なっていた原稿を材料に作業を進めた。二人との打ち合わせは三年間で二十回以上になる。打ち合わせの風景は今も目に焼き付いている。二人のいつも前向きな論評はくじけそうな私の心を奮い立たせてくれた。

完璧なものを目指したのではない。自分の考えを整理し表現するのに、これだけの時間がかかったのだ。自分自身とこの社会の根源を解き明かすことで、苦しみを抱えた人が生きづらさを乗り越えるのに役立ててほしいと願ってきた。併せて、現在の生命科学の現状に限界を感じている若い科学者が突破口を開く参考となるような考え方を提供したいと思ってきた。

京都大学で神経発生を司る転写因子の研究の機会をくれた笹井芳樹。ソーク研究所のフレッド・ゲージとの出会いを導いてくれた三好浩之。この二人によってソーク研究所での転写因子を用いたドーパミン神経の分化転換の着想が生まれた。

ソーク研究所でのテオ・パルマと妻幹子との共同研究で得られた神経幹細胞の分化転換の研

究成果。慶應義塾大学の梅澤明弘との初期化の共同研究。ここからシエーリング／バイエルでのヒト細胞初期化の着想が生まれた。

大阪大学の学生だったときに複雑系の科学を紹介してくれた吉田明。神戸リサーチセンターでのヒト細胞の初期化研究を成し遂げた仲間。ソニーコンピュータサイエンス研究所でオープンシステムサイエンス構想を学ばせてくれた所眞理雄。当事者視点の脳科学の可能性に気付かせてくれた小西行郎。ここから本書で論じた『協創』の生命科学が生まれた。

ここに名前をあげられなかった多くのかけがえのない家族や友人によって今の私がある。これらの出会いがなかったなら、私の人生は異なったものになっていただろう。

すでに名前をあげたが幻冬舎の石原正康と森村繭子の両氏には長期にわたり並々ならぬお世話になった。この作品は二人との共創である。ここに心からの感謝をささげたい。

令和二年六月五日

桜田一洋

15. ジョルジュ・バタイユ『至高性　呪われた部分』(湯浅博雄、中地義和、酒井健訳)人文書院
16. Freddy A. Paniagua, Ann-Marie Yamada. "Handbook of Multicultural Mental Health" Academic Press.
17. Anwesha Banerjee. "Cross-Cultural Variance of Schizophrenia in Symptoms, Diagnosis and Treatment" GUJHS. 6:18-24, 2012.
18. 山崎聡一郎『こども六法』弘文堂
19. 村上龍『賢者は幸福ではなく信頼を選ぶ。』KKベストセラーズ
20. Hassabis D, Kumaran D, Summerfield C, Botvinick M. "Neuroscience-Inspired Artificial Intelligence" Neuron 95:245-258, 2017.
21. 遠隔地にある分身ロボット(アバター)と自分の五感をITで同期させることで、あたかもその遠隔地に自分がいるような体験ができることを、avatarin株式会社の深堀昴は提唱している。https://avatarin.com/

終　章

1. 大我居士(桜田文吾)『貧天地饑寒窟探検記』
2. 紀田順一郎『東京の下層社会』ちくま学芸文庫
3. 桜田一郎『化学の道草』高分子化学刊行会
4. 内橋克人『匠の時代5』「第1章　倉敷物語　(3)父子二代」岩波現代文庫
5. 桜田一郎の足跡は下記の文献から辿ることができる。
   - 上山明博『ニッポン天才伝』「高分子化学のパイオニア」朝日新聞社
   - 古川安『化学者たちの京都学派』第3章　繊維化学から高分子化学へ――桜田一郎のたどった道――京都大学学術出版会

The bulletin of mathematical biophysics 5:115-133, 1943.
24. Gyorgy Buzsaki. “The Brain from Inside Out” Oxford Univ Press
25. 小西行郎、加藤正晴、鍋倉淳一『今なぜ発達行動学なのか』診断と治療社
26. 三島由紀夫『金閣寺』新潮文庫
27. フリードリヒ・シラー『人間の美的教育について』(小栗孝則訳)法政大学出版局
28. 山口真美『発達障害の素顔』講談社ブルーバックス
29. Orefice LL, Zimmerman AL, Chirila AM, Sleboda SJ, Head JP, Ginty DD. “Peripheral Mechanosensory Neuron Dysfunction Underlies Tactile and Behavioral Deficits in Mouse Models of ASDs” Cell 166:299-313, 2016
30. 綾屋紗月、熊谷晋一郎『発達障害当事者研究』医学書院
31. 三池輝久『子どもの夜ふかし　脳への脅威』集英社新書
32. エルンスト・ゴンブリッチ『美術の物語』ファイドン
33. ラファエロ・サンティオ「草原の聖母」ウィーン美術史美術館 ©Kunsthistorisches Museum Wien c/o DNPartcom
34. ラファエロ・サンティオ「草原の聖母のための4つの習作」Photo:Bridgeman Images/DNPartcom
35. マーク・カーシュナー、ジョン・C・ゲルハルト『ダーウィンのジレンマを解く——新規性の進化発生理論』(赤坂甲治監修、滋賀陽子訳)みすず書房
36. Jafarpour F, Biancalani T, Goldenfeld N. “Noise-induced symmetry breaking far from equilibrium and the emergence of biological homochirality” Phys Rev E. 95(3-1):032407, 2017.
37. Takeuchi N, Kaneko K. “The origin of the central dogma through conflicting multilevel selection” Proc Biol Sci. 286(1912):20191359, 2019.
38. スチュアート・カウフマン『自己組織化と進化の論理——宇宙を貫く複雑系の法則』(米沢富美子訳)ちくま学芸文庫

第六章

1. カール・ポパー『開かれた社会とその敵』(内田詔夫、小河原誠訳)未来社
2. 内藤靖彦、佐藤克文、高橋晃周、渡辺祐基『バイオロギング』成山堂書店
3. マイケル・ルイス『マネー・ボール』(中山宥訳)ハヤカワ・ノンフィクション文庫
4. ジャック・アタリ『21世紀の歴史——未来の人類から見た世界』(林昌宏訳)作品社
5. リチャード・セイラー『行動経済学の逆襲』(遠藤真美訳)早川書房
6. ノーム・チョムスキー『メディア・コントロール——正義なき民主主義と国際社会』集英社新書
7. Youyou W, Kosinski M, Stillwell D. “Computer-based personality judgments are more accurate than those made by humans” Proc Natl Acad Sci USA. 112:1036-1040, 2015.
8. スティーヴン・S・ホール『不死を売る人びと——「夢の医療」とアメリカの挑戦』(松浦俊輔訳)阪急コミュニケーションズ
9. Thomson JA, Itskovitz-Eldor J, Shapiro SS, Waknitz MA, Swiergiel JJ, Marshall VS, Jones JM. “Embryonic stem cell lines derived from human blastocysts” Science 282:1145-1147, 1998.
10. Andrew Pollack. “Geron Is Shutting Down Its Stem Cell Clinical Trial” New York Times 2011.
11. Alexandra E. Bely and Kevin G. Nyberg. “Evolution of animal regeneration: re-emergence of a field” Trends in Ecology and Evolution 25, 161-170, 2009.
12. 森本哲郎『生き方の研究』PHP文庫　第1部　人生の短さについてから引用。
13. スティーブ・ジョブズ　米国スタンフォード大学卒業式のスピーチから引用。
14. 寺島実郎『ジェロントロジー宣言——「知の再武装」で100歳人生を生き抜く』NHK出版新書

身体状態の推移する確率によって記述できる。
•Pachet F, Roy P. “Markov constraints: steerable generation of Markov sequences” Constraints 16:148-172, 2011.

第五章

1. 古川安「繊維科学から高分子化学へ——桜田一郎と京都学派の展開——」化学史研究 39:1-40, 2012.
2. ジェルジ・ブザーキ『脳のリズム』(渡部喬光監訳、谷垣暁美訳)みすず書房
3. 小西行郎『発達障害の子どもを理解する』集英社新書
4. 村上春樹『1973年のピンボール』講談社
5. J・G・アレン、P・フォナギー、A・W・ベイトマン『メンタライジングの理論と臨床』(狩野力八郎監修、上地雄一郎、林創、大澤多美子、鈴木康之訳)北大路書房
   • 心で心を想うことに関連するこれまでの研究が理論と臨床の両面からまとめられている。
6. Thomas W. McDade. “Early environments and the ecology of inflammation” Proc Natl Acad Sci USA. 109:17281-17288, 2012.
7. Dantzer R1, O'Connor JC, Freund GG, Johnson RW, Kelley KW. “From inflammation to sickness and depression: when the immune system subjugates the brain” Nat Rev Neurosci. 9:46-56, 2008.
8. George E. Vaillant. “Adaptation to life” Harvard University Press
9. Slavich GM, Irwin MR. “From stress to inflammation and major depressive disorder: a social signal transduction theory of depression” Psychol Bull. 140:774-815, 2014.
10. NHK出版編『最新科学でハッピー子育て』NHK出版
11. 厚生労働省　雇用均等・児童家庭局総務課　平成27年度　児童相談所での児童虐待相談対応件数(速報値)平成28年8月4日
12. 国立成育医療研究センター「人口動態統計から見る妊娠中・産後の死亡の現状」
   •https://www.ncchd.go.jp/press/2018/maternal-deaths.html
13. フセワロード・オフチンニコフ『一枝の桜　日本人とはなにか』(早川徹訳)中公文庫
14. ヘールト・ホフステード、ヘルト・ヤン・ホフステード、マイケル・ミンコフ『多文化世界　違いを学び未来への道を探る』(岩井八郎、岩井紀子訳)有斐閣
15. オキシトシンとバソプレッシンが人間の行動に影響を及ぼす仮説を紹介した文献。
   • シャスティン・ウヴネース・モベリ『オキシトシン　私たちのからだがつくる安らぎの物質』(瀬尾智子、谷垣暁美訳)晶文社
   •Ebstein RP, Knafo A, Mankuta D, Chew SH, Lai PS. “The contributions of oxytocin and vasopressin pathway genes to human behavior” Horm Behav. 61:359-79, 2012.
16. グレゴリー・ベイトソン『精神と自然』(佐藤良明訳)新思索社
   • メッセージとメタメッセージが矛盾するコミュニケーションの形式をベイトソンはダブルバインドと称した。
17. 吉本隆明「党生活者」『吉本隆明全集6』晶文社
18. 吉本隆明「日本のナショナリズム」『吉本隆明全集7』晶文社
19. D・W・ウィニコット『情緒発達の精神分析理論——自我の芽ばえと母なるもの』(牛島定信訳)岩崎学術出版社
20. レイ・カーツワイル『ポスト・ヒューマン誕生——コンピュータが人類の知性を超えるとき』(井上健、小野木明恵、野中香方子、福田実訳)NHK出版
21. ハワード・ラインゴールド『新・思考のための道具 知性を拡張するためのテクノロジー——その歴史と未来』(日暮雅通訳)パーソナルメディア
22. 高岡詠子『チューリングの計算理論入門』講談社ブルーバックス
23. McCulloch WS and Pitts W. “A logical calculus of the ideas immanent nervous activity”

•Boomsma D, Busjahn A, Peltonen L. "Classical twin studies and beyond" Nat Rev Genet. 3:872-882, 2001.
•Plomin R, DeFries JC, Knopik VS, Neiderhiser JM. "Top 10 Replicated Findings From Behavioral Genetics" Perspect Psychol Sci. 11:3-23, 2016.
•安藤寿康「行動の遺伝学―ふたご研究のエビデンスから」日本生理人類学会誌 22:107-122, 2017.
19. Paul H. Patterson. "Infectious Behavior Brain-Immune Connections in Autism, Schizophrenia, and Depression" MIT Press.
20. Estes ML, McAllister AK. "Maternal immune activation: Implications for neuropsychiatric disorders" Science 353:772-777, 2016.
21. GBD 2015 Risk Factors Collaborators. "Global, regional, and national comparative risk assessment of 79 behavioural, environmental and occupational, and metabolic risks or clusters of risks, 1990-2015: a systematic analysis for the Global Burden of Disease Study 2015" Lancet 3881659-1724, 2016.
22. Petronis A. "Epigenetics and twins: three variations on the theme" Trends Genet. 22:347-350, 2006.
23. 米国メイン州オロノが公開している、資料のなかに新型コロナウイルス、風邪、インフルエンザの症状が現れる傾向の違いがまとめられている。
•https://www.orono.org/756/Coronavirus-COVID-19-News-Information
24. ある人の特徴を多数計測することで得られたデータはマルチモーダルデータ(多次元データ)と呼ばれる。RGBという色を表現する手法では、赤(Red)、緑(Green)、青(Blue)の三つの原色を組み合わせて様々な色を表現する。この場合それぞれの色は三次元の空間のなかで表現される。同じようにある人の特徴を十種類、計測したとすると、その人の状態は十次元空間の点で表現できる。似た色の点は互いに近くに分布するように、似た状態の人たちの点の距離はそうでない人よりも近くに分布する。点は色や心身の状態という情報を持ち、距離という尺度によって似ているか似ていないかを評価できることから、この方法を情報幾何学と呼ぶ。
•この手法は早期卵巣癌の転帰(再発するかしないか)を予測するのに利用されている。詳細は下記論文に報告されている。
•Kawakami E, Tabata J, Yanaihara N, Ishikawa T, Koseki K, Iida Y, Saito M, Komazaki H, Shapiro JS, Goto C, Akiyama Y, Saito R, Saito M, Takano H, Yamada K, Okamoto A. "Application of Artificial Intelligence for Preoperative Diagnostic and Prognostic Prediction in Epithelial Ovarian Cancer Based on Blood Biomarkers" Clin Cancer Res. 25:300603015, 2019.
25. 目の前に出された赤ワインがどんなブドウの品種からつくられたのかを予測するとき、「カベルネ・ソーヴィニョン」という名称の情報を伝えられれば、ただちに特定できる。一方でフランスの赤ワインですという情報だけであれば、代表的なものでも五種類の品種があるので、明確に予測できない。フランスのボルドーが産地であると言われても、「カベルネ・ソーヴィニョン」以外に「カベルネ・フラン」や「メルロー」があるのでやはり特定できない。ボルドー産で「渋みと酸味のある重い味」という情報を与えられれば「カベルネ・ソーヴィニョン」だと特定できる。情報量とは目の前に出された赤ワインが「カベルネ・ソーヴィニョン」であることの起こりにくさを表す尺度である。結果の予想がつかないのは、情報が十分にないことを意味しており、単に赤ワインと言われただけでは情報エントロピーは大きい。これに対して、ボルドー産、渋みと酸味、重い味という情報が与えられることで予測精度は高くなり、情報エントロピーは低くなる。つまり情報科学では、どの特徴をどれだけ測れば、できるだけ曖昧さのない形で生命現象を予測できるかを目指す。
26. 音楽には作曲された楽曲とは別に、ロック、ジャズ、カントリー、演歌などのスタイルという意味づけがある。音楽のスタイルとは、制約を持った自由度であり、音のピッチがどのような特徴で遷移するのかという傾向を意味する。この傾向は、音のピッチが推移する確率によって定量的に表現できる(下記Pachetらの論文を参照)。過去の「私」の身体状態の推移は決まっているが、未来の状態は未決定なまま開かれている。「私」の過去の身体状態の推移が作曲された楽曲であるとしたら、未来の身体状態は、音楽と同じようにスタイルで理解し、

第四章

1. 天童荒太『永遠の仔』幻冬舎文庫
2. Teicher MH, Samson JA, Anderson CM, Ohashi K. "The effects of childhood maltreatment on brain structure, function and connectivity" Nat Rev Neurosci. 17:652-666, 2016.
3. Scott F. Gilbert. "Ecological Developmental Biology" 2nd Edition, Sinauer
   - 環境からのシグナルがどのように人間の発生や病気の発症に影響を与えるのかが論じられ、これらの知見から新たな進化論の必要性が説かれている。
4. ロデリック・マキネス，ロバート・ナスバウム，ハンチントン・ウィラード『トンプソン&トンプソン遺伝医学』（福嶋義光監訳）メディカル・サイエンス・インターナショナル
5. Feuk L, Carson AR, Scherer SW. "Structural variation in the human genome" Nat Rev Genet. 7:85-97, 2006.
6. SNPediaのウェブサイト　https://www.snpedia.com/index.php/SNPedia
7. Hans Eiberg, Jesper Troelsen, Mette Nielsen, Annemette Mikkelsen, Jonas Mengel-From, Klaus W. Kjaer, Lars Hansen. "Blue eye color in humans may be caused by a perfectly associated founder mutation in a regulatory element located within the HERC2 gene inhibiting OCA2 expression" Human Genetics 123, 177-187, 2008.
8. Understand Your Genome シンポジウム（イルミナ社）でゲノム解析を行った。
   - https://jp.illumina.com/landing/e/uyg2017.html
9. 味覚受容体の二つの多型。
   - 甘味受容体TASiR3のrs35744813というSNPsがTT型だと甘味の感度が低い。
   - 苦み受容体 TAS2R38のrs713598というSNPsがCCだと一部の苦みを感じない。
10. パクチーの香りは嗅覚受容体OR6A2のrs72921001というSNPに担われている。これがAAだとパクチーを楽しむことができるが、CCだとせっけんのように感じる。
11. Li J, Zhao Y, Li R, Broster LS, Zhou C, Yang S S. "Association of Oxytocin Receptor Gene (OXTR) rs53576 Polymorphism with Sociality: A Meta-Analysis." PLoS One. 10, e0131820, 2015.
12. Rodrigues SM, Saslow LR, Garcia N, John OP, Keltner D. "Oxytocin receptor genetic variation relates to empathy and stress reactivity in humans" Proc Natl Acad Sci USA. 106(50):21437-21441, 2009.
13. Smearman EL, Almli LM, Conneely KN, Brody GH, Sales JM, Bradley B, Ressler KJ, Smith AK. "Oxytocin Receptor Genetic and Epigenetic Variations: Association With Child Abuse and Adult Psychiatric Symptoms" Child Dev. 87, 122-134, 2016.
14. Rankinen T et al. "No Evidence of a Common DNA Variant Profile Specific to World Class Endurance Athletes." PLoS One. 11(1):e0147330, 2016.
15. Genin E et al. APOE and Alzheimer disease: a major gene with semi-dominant inheritance. Mol Psychiatry 16:903-907, 2011.
16. ヒトの初期発生に関する教科書。ヒトの発生はマウスなどの動物と大きく違わないので22の一般的な教科書からもヒトの発生とは何かを学ぶことができる。
   - Schoenwolf GC, Bleyl SB, Brauer PR, Francis-West PH. "Larsen's Human Embryology 5th Edition" Churchill Livingstone
17. 初期発生に関する教科書。
   - スコット・F・ギルバート『ギルバート発生生物学』（阿形清和、高橋淑子訳）メディカル・サイエンス・インターナショナル
   - ルイス・ウォルパート、シェリル・ティックル『ウォルパート発生生物学』（武田洋幸、田村宏治訳）メディカル・サイエンス・インターナショナル
18. ふたごの研究から推測された、人の特性と遺伝の関係。

system" Nat Rev Neurosci. 10:713-723, 2009.

41. Laviola G, Hannan AJ, Macrì S, Solinas M, Jaber M. "Effects of enriched environment on animal models of neurodegenerative diseases and psychiatric disorders" Neurobiol Dis. 31:159-168, 2008.
42. 所眞理雄『オープンシステムサイエンス　原理解明の科学から問題解決の科学へ』NTT出版

第三章

1. 「ソニー創業者・井深大が2400人の幹部に発したパラダイムシフトという遺言——秘蔵映像から見えてくる「近代科学」への強烈な懐疑——」日刊工業新聞　2015年10月27日
2. アラン・チューリングは外部世界の変化を内面世界に橋渡しするとき、「ある状態の対象が外部からの働きかけによって別の状態に移る」という思考の様式が取られると説いた。チューリングは「論理的に考える」ことに焦点を当て思考の形式を考えたが、「直観的に感じる」ことも同じ様式で近似できる。
3. 金谷武洋『英語にも主語はなかった　日本語文法から言語千年史へ』講談社選書メチエ
4. US Food and Drug Administration "Paving the Way for Personalized Medicine" 2013.
5. Editorial. "What is the purpose of medical research?" Lancet 381, 347, 2013.
6. "Is there a reproducibility crisis in science?" Nature 533, 452, 2016.
7. 澁澤龍彦「万博を嫌悪する　あるいは「遠人愛」のすすめ」『黄金時代』河出文庫
8. 野村総合研究所　News Release『日本の労働人口の49%が人工知能やロボット等で代替可能に』2015年12月2日
9. Robert Adner. "Psychoneuroimmunology" Fourth Edition Elsevier Academic Press.
10. 桜田一洋「オープンシステムサイエンス　概論——生命科学のパラダイムシフト」実験医学35: 2-14, 2017
11. ルートヴィヒ・フォン・ベルタランフィ『一般システム理論』(長野敬、太田邦昌訳)みすず書房
12. 複雑系の科学に関する代表的な書籍。
    - G・ニコリス、I・プリゴジーヌ『散逸構造——自己秩序形成の物理学的基礎——』(小畠陽之助、相沢洋二訳)岩波書店
    - H・ハーケン『シナジェティクスの基礎』(斎藤信彦、小森尚志、長島知正訳)東海大学出版会
    - H・ハーケン『共同現象の数理』(牧島邦夫、小森尚志訳)東海大学出版会
13. 蔵本由紀『非線形科学　同期する世界』集英社新書
14. アルカディ・ピコフスキー、ミヒャエル・ローゼンブラム、ユルゲン・クルツ『同期理論の基礎と応用』(徳田功訳)丸善株式会社
15. スティーヴン・ストロガッツ『SYNC——なぜ自然はシンクロしたがるのか』(蔵本由紀監修、長尾力訳)ハヤカワ文庫
16. Tran D, Nadau A, Durrieu G, Ciret P, Parisot JP, Massabuau JC. "Field chronobiology of a molluscan bivalve: how the moon and sun cycles interact to drive oyster activity rhythms" Chronobiol Int. 28:307-317, 2017.
17. ジェルジ・ブザーキ『脳のリズム』(渡部喬光監訳、谷垣暁美訳)みすず書房
18. Tähkämö L, Partonen T, Pesonen AK. "Systematic review of light exposure impact on human circadian rhythm" Chronobiol Int. 36:151-170, 2019.
19. Wulff K, Gatti S, Wettstein JG, Foster RG."Sleep and circadian rhythm disruption in psychiatric and neurodegenerative disease" Nat Rev Neurosci. 11:588-599, 2010.
20. 複雑系の科学ではヘルマン・ハーケンがシナジェティクスによって自己組織化を論じた。ハーケンは同期するように隷属するという意味でシナジェティクスを用いたが、本書では自己組織化のなかで同期と非同期が選択されることで複雑な時空間秩序が生まれる協創現象としてシナジェティクスを用いる。

S, Abe H, Hata J, Umezawa A, Ogawa S. "Cardiomyocytes can be generated from marrow stromal cells in vitro" J Clin Invest. 103:697-705, 1999.

33. ヒトES細胞の開発に関するトムソンの報告。
•Thomson JA, Itskovitz-Eldor J, Shapiro SS, Waknitz MA, Swiergiel JJ, Marshall VS, Jones JM. "Embryonic stem cell lines derived from human blastocysts" Science 282: 1145-1147, 1998.

34. ヒトAS細胞に関する最初の五つの特許。半年の間に相次ぎ特許が出願される。
• 発明者:Catherine Verfaillie　幹細胞の名前:MAPCs　採取組織:骨髄　特許出願番号:WO 2001/11011:A2 出願日1999年8月5日
• 発明者:Henry Young　幹細胞の名前:PPELSCs　採取組織:骨格筋、皮膚　特許出願番号:WO 2001/21767 A2 出願日:1999年9月24日
• 発明者:Darwin Prockop　幹細胞の名前:RS1、RS2　採取組織:骨髄　特許出願番号:WO 2001/34167 A1 出願日:1999年10月29日
• 発明者:Charles Vacanti　幹細胞の名前:Spore Cells　採取組織:全身　特許出願番号:WO 2001/49113 A1 出願日:1999年12月30日
• 発明者:Freda Miller　幹細胞の名前:SKPs 採取組織:皮膚　特許出願番号:WO 2001/53461 A1 出願日:2000年1月24日

35. スフェラミンの二重盲検試験の結果についての報告。有効性は観察されなかった。
•Gross RE, Watts RL, Hauser RA, Bakay RA, Reichmann H, von Kummer R, Ondo WG, Reissig E, Eisner W, Steiner-Schulze H, Siedentop H, Fichte K, Hong W, Cornfeldt M, Beebe K, Sandbrink R; Spheramine Investigational Group. "Intrastriatal transplantation of microcarrier-bound human retinal pigment epithelial cells versus sham surgery in patients with advanced Parkinson's disease: a double-blind, randomized, controlled trial" Lancet Neurol. 10:509-519, 2011.

36. 生命科学の最も権威ある雑誌CellとNatureに掲載された笹井芳樹を追悼するメッセージ。
•Edward M. De Robertis. "Yoshiki Sasai 1962-2014" Cell 158:1233-1235, 2014.
•Arturo Alvarez-Buylla. "Yoshiki Sasai (1962-2014)" Nature 513:34, 2014.

37. iZumi Bio社設立の経緯は、Nature Biotechnologyの記事ならびに、ハーバードビジネススクールのケーススタディとして報告されている。
•Baker M. "iZumi's plans to capitalize on iPS cells" Nat Biotechnol. 27:590-591, 2009.
•Higgins RF, Broder-Fingert JI, Sherman E, Palani S. "iZumi" Harvard Business School Case 809105, 2009.

38. 転写因子を用いた初期化の課題を私は2010年に報告した。その後2014年に転写因子だけではなく核移植を用いた初期化にも問題があることが報告された。
•Sakurada K. "Environmental epigenetic modifications and reprogramming-recalcitrant genes" Stem Cell Res. 4:157-164, 2010.
•Johannesson B, Sagi I, Gore A, Paull D, Yamada M, Golan-Lev T, Li Z, LeDuc C, Shen Y, Stern S, Xu N, Ma H, Kang E, Mitalipov S, Sauer MV, Zhang K, Benvenisty N, Egli D. "Comparable frequencies of coding mutations and loss of imprinting in human pluripotent cells derived by nuclear transfer and defined factors" Cell Stem Cell. 15:634-642, 2014.

39. 哺乳類の再生能の限界に関する論考。
•Brockes JP and Kumar A. "Comparative Aspects of Animal Regeneration" Annu. Rev. Cell Dev. Biol. 24:525-49, 2008.

40. 哺乳類の神経再生に制約があることを論考した総説。2008年頃からこの考え方は研究者の間で浸透していた。
•Tanaka EM, Ferretti P. "Considering the evolution of regeneration in the central nervous

•https://www.nobelprize.org/uploads/2018/06/med_image_press_eng-3.pdf
18. 英国のデイリーテレグラフ紙にキャンベル自死の経緯が記載されている。その内容は下記サイトから読める。
•https://www.telegraph.co.uk/news/uknews/10065584/Scientist-behind-Dolly-the-sheep-killed-himself-by-mistake-in-drunken-fury.html
19. 桜田一洋「履歴の継承としての生命——エピジェネティックスからのシステムバイオロジー」『オープン システム サイエンス』(所眞理雄編著訳)NTT出版
20. 渡辺格『人間の終焉　分子生物学者のことあげ』朝日出版社
21. 小川智子、小川英行「大腸菌SOS応答反応の分子機構」蛋白質核酸酵素 35: 893-904, 1990年
22. ハンチントン病の原因遺伝子を解明した記念碑的論文。
•The Huntington's Disease Collaborative Research Group "A novel gene containing a trinucleotide repeat that is expanded and unstable on Huntington's disease chromosomes" Cell 72 (6): 971-83, 1993.
23. 『トンプソン&トンプソン遺伝医学』(福嶋義光監訳)メディカル・サイエンス・インターナショナル　(152-153)
24. 青野由利『ゲノム編集の光と闇——人類の未来に何をもたらすか』ちくま新書
25. 脳には再生能力がないというラモン・イ・カハールの報告。
•Ramon y Cajal, S. "Degeneration and regeneration of the nervous system Volume 2" Haffner Publishing Co. New York, New York, USA. p. 750, 1928.
26. 大人の脳でも神経再生が起こっていることを報告したフレッド・ゲージの論文。
•Eriksson PS, Perfilieva E, Björk-Eriksson T, Alborn AM, Nordborg C, Peterson DA & Gage FH. "Neurogenesis in the adult human hippocampus" Nature Medicine 4:1313-1317, 1998.
27. 転写因子Nurr1の遺伝子を欠損させるとドーパミンニューロンが失われるという遺伝学の報告。
•Zetterström RH, Solomin L, Jansson L, Hoffer BJ, Olson L, Perlmann T. "Dopamine Neuron Agenesis in Nurr1-Deficient Mice" Science 276:248-250, 1997.
28. Takahashi J, Palmer TD, Gage FH. "Retinoic acid and neurotrophins collaborate to regulate neurogenesis in adult-derived neural stem cell cultures." J Neurobiol. 38：65-81, 1999.
29. 転写因子Nurr1の遺伝子を神経幹細胞に導入するとドーパミンニューロンに関連した遺伝子が発現するという私の研究報告。
•Sakurada K, Ohshima-Sakurada M, Palmer TD, Gage FH. "Nurr1, an orphan nuclear receptor, is a transcriptional activator of endogenous tyrosine hydroxylase in neural progenitor cells derived from the adult brain" Development 126:4017-4026, 1999.
30. 間葉系幹細胞にNkx2.5とGATA4という二つの転写因子を導入することで心筋細胞の分化が促進することの報告。
•Yamada Y, Sakurada K, Takeda Y, Gojo S, Umezawa A. "Single-cell-derived mesenchymal stem cells overexpressing Csx/Nkx2.5 and GATA4 undergo the stochastic cardiomyogenic fate and behave like transient amplifying cells" Exp Cell Res. 313:698-706, 2007.
31. 間葉系幹細胞に転写因子NR5A1を導入することで卵巣のステロイドホルモンが産生されるようになることの報告。
•Sakai N, Terami H, Suzuki S, Haga M, Nomoto K, Tsuchida N, Morohashi K, Saito N, Asada M, Hashimoto M, Harada D, Asahara H, Ishikawa T, Shimada F, Sakurada K. "Identification of NR5A1 (SF-1/AD4BP) gene expression modulators by large-scale gain and loss of function studies" J Endocrinol. 198:489-497, 2008.
32. 間葉系幹細胞から心筋細胞が誘導できるという梅澤明弘らの報告。
•Makino S, Fukuda K, Miyoshi S, Konishi F, Kodama H, Pan J, Sano M, Takahashi T, Hori

•正木英樹、石川哲也、桜田一洋「癌幹細胞を標的とした創薬の現状」実験医学 26: 1232-1238, 2008

8. 桜田一洋、石川哲也「ヒトiPS細胞技術の現状と課題」細胞工学 12: 1296-1302, 2008.
9. バイエル薬品は2007年9月3日に神戸リサーチセンターの閉鎖に関する次のようなプレスリリースを発表した。
   •「バイエル薬品:神戸研究所を年内に閉鎖し再生医療研究を導出——グローバル研究領域の選択と集中」2007年9月3日　大阪——本日、バイエル薬品株式会社は、神戸市内に所有する研究所を年内に閉鎖し、同研究所が注力する再生医療研究を導出すると発表しました。この決定により、同研究所の従業員25名が影響を受けます。この背景には、バイエル社が6月に発表した、研究領域の「選択と集中」があります。今後、バイエル・シエーリング・ファーマ社は、心血管系疾患、オンコロジー、画像診断、ウイメンズヘルスケアの4領域に同社研究部門を集約します。再生医療は重点領域外となりました。〈中略〉しかしながら、神戸研究所で行われた幹細胞に関する研究成果は、再生医療領域における重要な突破口になるものと考えており、導出によるさらなる発展を望んでおります。〈後略〉
   •製薬業界では「導出」を知的財産権などの「供与」あるいは「譲渡」という意味で使っている。
10. 2007年11月21日に発表されたヒトiPS細胞に関する二つの論文。
    •Yu, J., Vodyanik, M.A., Smuga-Otto, K., Antosiewicz-Bourget, J., Frane, J.L., Tian, S., Nie, J., Jonsdottir, G.A., Ruotti, V., Stewart, R., et al. "Induced pluripotent stem cell lines derived from human somatic cells" Science 318:1917-1920, 2007.
    •Takahashi, K., Tanabe, K., Ohnuki, M., Narita, M., Ichisaka, T., Tomoda, K., Yamanaka, S. "Induction of pluripotent stem cells from adult human fibroblasts by defined factors" Cell 131:861-872, 2007.
11. バイエル薬品でヒトiPS細胞の開発が行われたという情報は、2008年4月11日の毎日新聞朝刊一面に、「ヒトiPS細胞　バイエル薬品先に作成　特許も出願」という見出しで報道された後、同日の朝日新聞の夕刊一面では「ヒトiPS細胞　バイエルも作製　山中教授よりも先か」という見出しで報道された。神戸リサーチセンターでヒトiPS細胞を開発したことはバイエル薬品より公式には発表していなかったが、2008年1月には論文が公開され、国内外で実施された講演会などでヒト細胞の初期化の経緯は国内の研究者にはよく知られていた。
12. ヒトiPS細胞の開発に関する、山中伸弥のコメントが記載された2007年6月7日のNature誌の記事の概要。
    •David Cyranoski. "Simple switch turns cells embryonic" Nature 447:618-619, 2007.
    •この記事のなかに次の一文がある。"But applying the method to human cells has yet to be successful. "We are working very hard — day and night," says Yamanaka. It will probably require more transcription factors, he adds."「日夜懸命に働いているが、ヒトへの応用はまだうまくいっていない。おそらく、もっと別の転写因子が必要だろう」
13. 先取権を判断する材料としては12.のNatureの記事に加えて、2007年12月11日の毎日新聞「ひと」のコラムのなかに「05年にマウス、今年7月にはヒトで皮膚細胞からの万能細胞作りに、いずれも世界ではじめて成功。」と記されていたことがある。ヒト細胞の初期化が、神戸リサーチセンターでは2007年4月、山中伸弥が2007年7月にはじめて成功したという見立てが、「バイエル薬品先に作成」の根拠となったと考えられる。
14. 科学技術振興機構　研究開発戦略センター「幹細胞ホメオスタシス」国際技術力比較調査(幹細胞研究)CRDS-FY2007-GR-01, 2007
15. 英国特許庁は2010年1月28日に神戸リサーチセンターから出願されたヒトiPS細胞の特許権を認める発表を行った。特許番号はGB2450603。これは国外で成立した最初のヒトiPS細胞の特許となった。
16. 米国での特許係争の経緯は下記書籍の第5章に記載されている。
    •朝日新聞大阪本社科学医療グループ『iPS細胞とは何か　万能細胞研究の現在』講談社ブルーバックス
17. 2012年の医学・生理学賞の概要は、下記サイトからダウンロードできる。ヒト細胞の初期化の成果については先取権者は特定されなかった。ドリーの研究成果は、ガードンの発明の応用研究という位置づけが与えられている。

45. Richard Green et al. "A draft sequence of the Neandertal genome" Science 328, 710-722, 2010.
46. ジャレド・ダイアモンド『銃・病原菌・鉄』(倉骨彰訳)草思社
47. エルンスト・マイア『マイア進化論と生物哲学――一進化学者の思索』(八杉貞雄、新妻昭夫訳)東京化学同人
48. 小泉純一郎首相は第153回国会での総理大臣所信表明演説において、「ダーウィンが『最も強いものが、あるいは最も知的なものが、生き残るわけではない。最も変化に対応できるものが生き残るのだ』という言葉を残した」と述べた。しかし、ダーウィンの著書のなかには、このような記述はなく、この言葉は、米ルイジアナ州立大学の教授が1963年に誤って引用したのが始まりだとされている。自分の人生になぞらえ、都合のいい形でダーウィンの進化論が語られてきたが、そこには共通して競争に勝つためにどうしたらいいかが問われている。
49. スーパーサウルスに関連する文献などの情報。
 •『全長33メートル、スーパーサウルスの生態 世界の巨大恐竜博2006　新聞特集　1-2』日経新聞
 •Wedel MJ, Cifelli RL, Sanders RK. "Sauroposeidon proteles, a new sauropod from the Early Cretaceous of Oklahoma" Journal of Vertebrate Paleontology 20:109-114, 2000.
50. van Doremalen N, Bushmaker T, Morris DH, Holbrook MG, Gamble A, Williamson BN, Tamin A, Harcourt JL, Thornburg NJ, Gerber SI, Lloyd-Smith JO, de Wit E, Munster VJ. "Aerosol and Surface Stability of SARS-CoV-2 as Compared with SARS-CoV-1." N Engl J Med. 382:1564-1567, 2020.
51. 山本太郎『感染症と文明――共生への道』岩波新書
52. 朝長啓造『内在性RNAウイルスの発見とその進化的意義の解析』ウイルス 62:47-56, 2012.
53. Barko PC, McMichael MA, Swanson KS, Williams DA. "The Gastrointestinal Microbiome: A Review" J Vet Intern Med. 32:9-25, 2018.

第二章

1. 「父ちゃんのポーが聞える」東宝　1971年9月24日公開
2. 松本則子『父ちゃんのポーが聞える――則子・その愛と死』立風書房
3. ドイツ・メルク社が2006年3月12日にシエーリング社に対して、1株77ユーロでの買収を提案したが、シエーリング社は価格が著しく低いということで拒否した。同月23日にバイエル社が1株86ユーロの提案を行い、これにシエーリング社は賛成し、シエーリング社はバイエル社と合併することになった。同年6月14日にメルク社はシエーリング社の株をバイエル社に売却することに合意し、バイエル社の医薬部門とシエーリング社の合併によって、バイエル・シエーリング・ファーマ社が設立されることが決まった。
4. 第4回の国際幹細胞学会が2006年6月29日から7月1日までカナダのトロントで開催された。この学会の最終日に山中伸弥は、転写因子によってマウスの体細胞をES細胞のように初期化できることを明らかにした。私はこの学会に参加し、山中伸弥による歴史的な発表を目の当たりにした。
5. 神戸リサーチセンターの正木英樹と石川哲也は、2007年3月20日にヒト新生児皮膚繊維芽細胞に転写因子を導入し、2007年4月3日にヒト細胞の初期化に成功したことが確認された。
6. 2007年6月15日に神戸リサーチセンターから出願したヒトiPS細胞の特許。
 •出願番号　特願2007−159382、出願人　バイエル・シエーリング・ファーマ　アクチエンゲゼルシャフト、発明人　桜田一洋、正木英樹、石川哲也　出願日2007年6月15日
7. 神戸リサーチセンターの閉鎖の1週間前12月21日に投稿したヒトiPS細胞の論文が2008年1月にStem Cell Research誌のオンラインで出版された。同年、実験医学にも神戸リサーチセンターのヒトiPS細胞の研究成果を報告した。
 •Masaki H, Ishikawa T, Takahashi S, Okumura M, Sakai N, Haga M, Kominami K, Migita H, McDonald F, Shimada F, Sakurada K. "Heterogeneity of pluripotent marker gene expression in colonies generated in human iPS cell induction culture" Stem Cell Res. 1:105-115, 2008.

15. ジョン・ケインズ『ケインズ全集　第9巻　説得論集』(宮崎義一訳)東洋経済新報社
16. トマ・ピケティ『21世紀の資本』(山形浩生、守岡桜、森本正史訳)みすず書房
17. オックスファム　プレスリリース　2020年1月20日
    •https://www.oxfam.org/en/press-releases/worlds-billionaires-have-more-wealth-46-billion-people
18. 原昌平「貧困と生活保護(2)日本では2000万人が貧困状態」ヨミドクター　2015年6月26日
    •https://yomidr.yomiuri.co.jp/article/20150626-OYTEW55025/
19. 鬼頭宏『人口から読む日本の歴史』講談社学術文庫
20. 芥川龍之介『侏儒の言葉・西方の人』新潮文庫
21. エーリッヒ・フロム『悪について』(鈴木重吉訳)紀伊國屋書店
22. M・スコット・ペック『平気でうそをつく人たち　虚偽と邪悪の心理学』(森英明訳)草思社
23. 新妻昭夫『種の起源をもとめて　ウォレスの「マレー諸島」探検』朝日新聞社
    • 本書のなかにウォレスのサラワク論文とテルナテ論文の翻訳が掲載されている。
24. アーノルド・C・ブラックマン『ダーウィンに消された男』(羽田節子、新妻昭夫訳)朝日選書
25. ローレン・アイズリー『ダーウィンと謎のX氏――第三の博物学者の消息』(垂水雄二訳)工作舎
26. スコット・F・ギルバート、デイビッド・イーペル『生態進化発生学』(正木進三、竹田真木生、田中誠二訳)終章　東海大学出版会
27. チャールズ・ダーウィン『ダーウィン自伝』(八杉龍一、江上生子訳)ちくま学芸文庫
28. アダム・スミス『国富論』(高哲男訳)講談社学術文庫
29. ダーウィンの進化論を超克しようとした知識人にサミュエル・バトラー、アルフレッド・ウォレス、アンリ・ベルクソン、グレゴリー・ベイトソン、ルートヴィヒ・フォン・ベルタランフィ、ニクラス・ルーマン、スティーブン・グールドなどがいる。
30. チャールズ・ダーウィン『人間の由来』(長谷川眞理子訳)講談社学術文庫
31. サミュエル・バトラ『エレホン―山脈を越えて―』(山本政喜訳)岩波文庫
32. 清宮倫子『ダーウィンに挑んだ文学者　サミュエル・バトラーの生涯と作品』南雲堂
33. Samuel Butler. "Evolution, Old and New; or, the theories of Buffon, Dr. Erasmus Darwin, and Lamarck, as compared with that of Charles Darwin" 1879.
    •Kindleから無料でダウンロードできる。
34. Samuel Butler. "Luck or Cunning as the Main Means of Organic Modification?" 1887.
    •https://archive.org/stream/cu31924024754016#page/n5/mode/2up
    • 第11章の最後に引用したパラグラフがある。翻訳は筆者が行った。
35. グレゴリー・ベイトソン『精神と自然』(佐藤良明訳)新思索社
36. Augst Weismann. "The evolution theory" HardPress Publishing
37. 米本昌平、松原洋子、橳島次郎、市野川容孝『優生学と人間社会』講談社現代新書
38. Wilhelm Johannsen. "Elemente der Exakten Erblichkeitslehre(遺伝学提要)"
39. 毎日新聞取材班『強制不妊　旧優生保護法を問う』毎日新聞出版
40. Francis Darwin. "Life and Letters of Charles Darwin" 1880.
41. アルフレッド・ウォレス『ダーウィニズム　自然淘汰説の解説とその適用例』(長澤純夫、大曾根静香訳)新思索社
42. Valley JW, Peck WH, King EM, Wilde SA. "A cool early Earth" Geology 30, 351-354, 2002.
43. Matthew S. Dodd, Dominic Papineau, Tor Grenne, John F. Slack, Martin Rittner, Franco Pirajno, Jonathan O'Neil & Crispin T. S. Little. "Evidence for early life in Earth's oldest hydrothermal vent precipitates" Nature 543:60-64, 2017.
44. 生物進化の歴史をまとめた書籍。
    • 田近英一『地球・生命の大進化』新星出版社
    • 谷合稔『地球・生命――138億年の進化』サイエンス・アイ新書
    •リチャード・フォーティ『生命40億年全史』(渡辺政隆訳)草思社文庫

注釈と引用文献

第一章

1. 「illusion」についてのSEKAI NO OWARIインタビューは、「うたまっぷ」の下記サイトならびに下記書籍に掲載されている。
 •http://interview.utamap.com/review_2012/20120719_sekaowa/sekaowa_video.html
 •SEKAI NO OWARI『世界の終わり』ロッキング・オン
2. チャールズ・ダーウィン『種の起源』(渡辺政隆訳)光文社古典新訳文庫
3. 世界幸福度ランキングは国連の関連団体"Sustainable Development Solutions Network"によって作成された。
 •https://worldhappiness.report/ed/2019/
4. Case A, Deaton A. "Rising morbidity and mortality in midlife among white non-Hispanic Americans in the 21st century" Proc Natl Acad Sci USA. 112:15078-15083, 2015.
5. ジェイミー・バートレット『操られる民主主義　デジタル・テクノロジーはいかにして社会を破壊するか』(秋山勝訳)草思社
6. Lebreton L, Slat B, Ferrari F, Sainte-Rose B, Aitken J, Marthouse R, Hajbane S, Cunsolo S, Schwarz A, Levivier A, Noble K, Debeljak P, Maral H, Schoeneich-Argent R, Brambini R, Reisser J. "Evidence that the Great Pacific Garbage Patch is rapidly accumulating plastic" Sci Rep. 8:4666, 2018.
7. 第六回の大量絶滅を論じた二つの論文。
 •Barnosky AD, Matzke N, Tomiya S, Wogan GO, Swartz B, Quental TB, Marshall C, McGuire JL, Lindsey EL, Maguire KC, Mersey B, Ferrer EA. "Has the Earth's sixth mass extinction already arrived?" Nature 471:51-57, 2011.
 •Ceballos G, Ehrlich PR, Barnosky AD, García A, Pringle RM, Palmer TM. "Accelerated modern human–induced species losses: Entering the sixth mass extinction" Science Advances 1, 5, e1400253, 2015.
8. 蔵書拝見　長妻昭氏／下「死をみつめる心」正解のない死生観　ひとりひとりが獲得を　毎日新聞 2018年6月26日
9. 総務省平成24年度白書　少子高齢化・人口減少社会
 •http://www.soumu.go.jp/johotsusintokei/whitepaper/ja/h24/html/nc112120.html
10. 第一生命経済研究所　研究理事　小島孝一の「300年後の日本の人口」
 •http://group.dai-ichi-life.co.jp/dlri/monthly/pdf/0509_1.pdf
11. 内閣府　世界各国の出生率
 •http://www8.cao.go.jp/shoushi/shoushika/data/sekai-shusshou.html
12. Wolfgang Lutz and Sergei Scherbov. "Exploratory Extension of IIASA's World Population Projections: Scenarios to 2300" International Institute for Applied Systems Analysis. Interim Report IR-08-022, 2008.
13. 内閣府　平成30年度版　少子化社会対策白書　第1部、第1章　第1-1-10図　未婚割合の推移と将来推計
 •https://www8.cao.go.jp/shoushi/shoushika/whitepaper/measures/w-2018/30webhonpen/html/b1_s1-1-3.html
14. 内閣府　平成28年度版　少子化社会対策白書　第1部、第1章　第1-1-15図　就労形態別配偶者のいる割合(男性)
 •https://www8.cao.go.jp/shoushi/shoushika/whitepaper/measures/w-2016/28webhonpen/html/b1_s1-1-3.html

JASRAC 出 2005054-001
Nextone 出 PB000050351

◎著者紹介

桜田一洋（さくらだ・かずひろ）

大阪大学大学院理学研究科修士課程修了。協和発酵工業でゲノム創薬と再生医療の研究に取り組む。日本シエーリング、バイエル薬品を経て2008年iZumiバイオ社を設立、ヒトiPS細胞技術の移管を実施。同年ソニーコンピュータサイエンス研究所シニアリサーチャー就任。現在、理化学研究所医科学イノベーションハブ推進プログラム副プログラムディレクター。1993年大阪大学より博士（理学）の学位を取得。

亜種の起源　苦しみは波のように

2020年9月15日　第1刷発行

著者　桜田一洋
発行人　見城徹
編集人　石原正康
編集者　森村繭子
発行所　株式会社　幻冬舎
〒151-0051　東京都渋谷区千駄ヶ谷4-9-7
電話　03（5411）6211［編集］
　　　03（5411）6222［営業］
振替　00120-8-767643
印刷・製本所　株式会社　光邦

検印廃止
万一、落丁乱丁のある場合は送料小社負担でお取替致します。小社宛にお送りください。

ISBN 978-4-344-03668-0　C0095

幻冬舎ホームページアドレス https://www.gentosha.co.jp/
この本に関するご意見・ご感想をメールでお寄せいただく場合は、comment@gentosha.co.jp まで。